不思考，就愛上

宇治田潤的
法式甜點驚豔配方

「Pâtisserie JUN UJITA」法式精品級甜點 44

宇治田 潤——著　龔亭芬——譯

瑞昇文化

前 言

曾經有位客人這麼說：

「宇治田先生做的法式甜點真的是不用想都好吃」。

這是什麼意思呢？

我第一次邂逅有這種感覺的法式甜點是我在巴黎當學徒的時候，在朋友極力推薦下，我還特地買了香緹蛋白霜餅到公園裡細細品味。只是將香緹鮮奶油擠在蛋白霜餅上，外觀簡單又樸素，但放入口中的瞬間「這什麼啊！超級無敵好吃！」那種超乎預期的感動深深震撼了我。隨著甘甜蛋白霜餅的應聲碎裂，濃郁乳香瞬間瀰漫在整個口腔內。香緹鮮奶油吃起來像是香草加焦糖的滋味，雖然我後來仔細分析之所以美味的架構，但品嚐的那個瞬間真的就只有好吃極了的感想。

我想「不用想都好吃」指得就是這種意思。裡面添加些什麼？這是什麼香味？想要呈現什麼？不需要深入探究甜點的細部架構，放入口中的瞬間，唯一感受就是好吃的滋味。

讓享用的人無需深思極慮，單純傳遞美味的甜點。這是身為甜點師的我最大的目標，希望我所製作的甜點能在每一位客人腦海中留下深刻印象，能夠長長久久地深受客人喜愛。

基於向大家分享我對打造美味的看法而撰寫這本書，並在腦中勾勒擺放於店裡櫥窗內的模樣而精挑細選這44種小蛋糕品項。然而腦中浮現的創意終究無法在一朝一夕中完成，必須經過無數次的失敗與重新構思，才能製作出自己認同的甜點。工作伙伴幾番無法置信地對我說：「主廚，你已經重複好幾遍了，還要重新製作嗎？」但這整個過程令我樂在其中，也總是讓我能夠從中發現新樂趣與新體驗。

誠心希望大家能透過這本書，探索我腦中的想法：「原來宇治田這麼認為啊！」並且從中獲得打造專屬每一個人的我流甜點的新啟發。

宇治田 潤

目錄

4
玩味不同食材的組合

5
衝擊性「口感」是關鍵所在

6
充分活用食材的獨特性質

專欄

開 始 製 作 甜 點 之 前

＊基本上使用「Pâtisserie JUN UJITA」店裡的食譜，但為了方便本書讀者閱讀，材料使用量的數字微調得更精準些。另外，單次製作起來保存，或者適合少量分次製作，最後完成的數量未必等同甜點個數所需的分量。

＊材料部分，未特別註記者皆需要恢復至室溫。

＊手粉部分，未特別註記者皆使用高筋麵粉。

＊奶油部分，皆使用發酵奶油（無鹽奶油）。

＊雞蛋部分，一律使用新鮮雞蛋（去殼後1顆淨重60g左右），不使用加工蛋。使用雞蛋時，請務必先用錐形篩去除繫帶。

＊使用店裡自製的黑巧克力（可可含量71％）和可可膏。

＊蘭姆酒部分，未特別註記者使用「ＮＥＧＲＩＴＡ尼可麗塔蘭姆酒44％」（BARDINET必得利）。

＊30度波美糖漿是以100g水和135g精白砂糖的比例調製而成，放入小鍋中，以中火熬煮至精白砂糖融解。

＊攪拌機部分，未特別註記者，安裝打蛋頭使用（使用扁平攪拌頭或麵團勾頭時會另外註記）。

＊以攪拌機攪打過程中，適時暫停以橡膠刮刀或刮板將沾附於攪拌缸內側或配件上的麵團‧奶油刮下來。

＊書裡記載的攪拌機攪打速度和攪打時間僅供參考。請依據自家攪拌機的機型、麵團‧奶油狀態進行適度調整。

＊書裡記載的烤箱溫度與烤焙時間僅供參考。請依據自家烤箱的機型、麵團、奶油狀態進行適度調整。

＊室溫指的是25度C左右。

＊人體皮膚溫度大約是35度C。

＊書裡所使用的食材中，部分列出製造商與品牌名稱，只是單純作為了解實際風味的參考依據，請大家視個人喜好挑選使用。

＊本書以柴田書店發行的MOOK「café-sweets」vol. 199～210（2020年4月～22年2月）所刊登連載的「Pâtisserie JUN UJITA『不假思索的美味』就是這麼一回事」報導為基礎，再加上大量全新採訪內容彙整成冊。

傑諾瓦士蛋糕 麵糊

製作美味的

「雪利酒蛋糕」

烤焙家常傑諾瓦士蛋糕，以糖漿恢復濕潤口感

傑諾瓦士蛋糕向來重視食材和蛋糕體的整體感，與同為全蛋打發，但飽含水分且口感濕潤的海綿蛋糕不一樣，而且最大特色是打發至質地細膩的狀態且確實烤焙至口感紮實。唯有塗抹糖漿並使其完全滲透至蛋糕體中，才能呈現美好的質感與味道。一片厚度約1.5cm，這樣的厚度才能充分品嚐出蛋糕體的口感與鮮美滋味。

內夾香緹鮮奶油，不是法式奶油霜

在法國，傑諾瓦士蛋糕多半使用法式奶油霜搭配慕斯林奶油醬，但本書改為搭配香緹鮮奶油製作鮮奶油蛋糕口感的餐後甜點。內夾大量香緹鮮奶油並靜置4～5小時後，讓鮮奶油和糖漿一起滲透至蛋糕體中。

以新鮮又濃厚的微甜糖漬櫻桃增添華麗美味

糖度56Brix的糖漬櫻桃比一般糖漬水果的甜度略低一些。一次添加足夠分量的精白砂糖，並且在短時間內加熱熬煮以突顯強烈甜味。另外，為了保留櫻桃的新鮮度，關鍵在於勿讓砂糖滲透至櫻桃核。將加熱熬煮的果汁和糖漿混拌在一起，讓味道更顯濃厚藉由讓果汁和糖漿滲透至因加熱變軟的櫻桃中，打造更加濃縮馥郁的美味。

家常傑諾瓦士蛋糕

（使用直徑15×高5.5cm圓形烤模*1／2個分量）

- 全蛋……180g
- 精白砂糖……108g
- 低筋麵粉……108g
- 奶油*2……54g

*1 烤模內側塗抹奶油並撒上高筋麵粉（兩者皆分量外）、底部鋪好烘焙紙備用

*2 融化並調溫至35度C

1 將全蛋和精白砂糖倒入攪拌機的攪拌缸中，以打蛋頭攪打至精白砂糖均勻散布。

POINT 若要飽含空氣，烘焙成海綿蛋糕，需要將全蛋溫度加熱至大約人體皮膚的溫度，以利打發至略比人體皮膚軟一些的程度。但製作不太需要打發且質地細膩的傑諾瓦士蛋糕時，則不需要加熱全蛋的步驟。打發過度反而容易造成糖漿不易滲透至蛋糕體裡面，或者蛋糕體塌陷碎裂的情況。所以在這個食譜中，直接使用室溫下的全蛋。

2 攪拌機裝上打蛋頭，以中速～高速運轉打發。

3 打至精白砂糖融解且有光澤感，蛋液飽含空氣、泛白且體積開始膨脹，確實留有打蛋頭痕跡的狀態後，切換至低速運轉，繼續攪打1～2分鐘至質地滑順。

POINT 海綿蛋糕麵糊的情況下，以打蛋器將麵糊攪拌至飽含空氣、泛白，用打蛋器撈起時呈現絲綢狀，蛋白霜尖角挺立，為了不讓傑諾瓦士含有過多氣泡，到此階段便不再繼續打發。

4 移開攪拌缸，倒入低筋麵粉的同時以手攪拌。攪拌至沒有粉末狀且手上有回彈感覺時，再稍微攪拌一下。也可以使用橡膠刮刀，但用手比較能夠確認麵糊狀態。

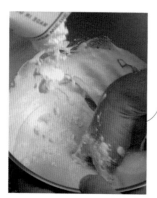

POINT 以消泡的感覺攪拌。攪拌至麵糊有滑順感。

5 添加融化奶油，同樣以手混拌。混拌完成的麵糊有滑順感，撈起來時滑滑流下並堆疊於下方的狀態（照片）。這種狀態和海綿蛋糕麵糊不一樣。

POINT 奶油的最佳溫度為35度C。溫度太高容易造成消泡；太低則容易沉入底下。

6 各注入220g麵糊至準備好的兩個圓形烤模中。

POINT 烤模內側面不貼烘焙紙是為了讓烤模的熱度直接傳至麵糊，以利麵糊外側確實烤熟。這樣才能烤焙出內部鬆軟，外表酥脆，具強烈對比口感的蛋糕體。

7 一段時間後，氣泡逐漸上升至表面，將烤模輕敲工作檯以排出氣泡。

8 放進預熱至190度C的烤爐後，立即調降溫度至170度C，在拉開氣門狀態下烤焙45分鐘。出爐後倒扣脫模，以烤面朝上的方式置於網架上放涼。

微甜糖漬櫻桃（5個分量）

- 酸櫻桃（冷凍·長野縣小布施町產）……1000g
- 水……500g
- 精白砂糖A……250g
- 精白砂糖B……250g
- 精白砂糖C……250g
- 精白砂糖D……250g

1 酸櫻桃解凍，以去籽器除去櫻桃核。

2 連同解凍後的汁液一起倒入鍋裡，加水和精白砂糖A，以中火加熱熬煮。沸騰後轉為小火繼續熬煮5分鐘後關火。放涼後覆蓋保鮮膜並使其緊貼於表面，置於冷藏室1晚。

3 以錐形篩過濾，僅將熬煮後的糖漿倒回鍋裡，然後添加精白砂糖B，以中火加熱熬煮至沸騰後關火，放入酸櫻桃並靜置一旁放涼。放涼後覆蓋保鮮膜並使其緊貼於表面，靜置冷藏室1晚。

4 如同3步驟，依序倒入精白砂糖C、精白砂糖D，同樣作法重覆2次（2天）。

糖漿（2個分量）

- 雪利酒（OSBORNE「FINO QUINTA」）……100g
- 微甜糖漬櫻桃糖漿……70g
- 水……25g
- 檸檬汁……5g

1 所有材料混拌在一起。

POINT 在糖漬櫻桃的汁液裡添加雪利酒，製作成糖漿。若使用櫻桃香甜酒，會變成道地的法式甜點，所以這裡使用香氣濃郁的辛口雪利酒。

香緹鮮奶油（2個分量）

- 鮮奶油（高梨乳業「特選北海道根釧新鮮鮮奶油47」／乳脂肪含量47％）……600g
- 精白砂糖……60g

1 以攪拌機中速運轉攪打鮮奶油，打發至體積開始膨脹且呈濃稠狀的6分發。

2 將1以3：2的比例分裝至2個料理盆中，分別用於夾層和收尾。量少且用於收尾的打發鮮奶油先暫時放入冷藏室裡冷卻備用。量多且用於夾層的打發鮮奶油則繼續打發至撈起時尖角柔軟且緩緩滴落的8分發程度（照片）。

組裝・收尾

1 撕掉傑諾瓦士蛋糕體底部的烘焙紙，以鋸齒刀切成2塊1.5cm厚度的片狀。不使用烤面。

2 瀝乾微甜糖漬櫻桃的汁液，挑選形狀漂亮的櫻桃作為裝飾，1個蛋糕擺放12顆左右。

3 將一片傑諾瓦士蛋糕體置於旋轉檯上，以毛刷沾取45g左右的糖漿塗刷在蛋糕體上。

POINT 蛋糕體邊緣容易因烤焙而變硬，要確實塗刷糖漿。

4 取60g夾層用香緹鮮奶油，以抹刀薄薄塗抹延展。一個蛋糕體擺放20顆左右的微甜糖漬櫻桃，從邊緣處開始繞2圈。

POINT 為了方便分切，中間部分盡量空出來。

5 再取60g夾層用香緹鮮奶油，同樣以抹刀平抹在微甜糖漬櫻桃上，好比覆蓋櫻桃般，盡量讓鮮奶油厚度維持在1.5cm左右。

6 覆蓋另外一片傑諾瓦士蛋糕體，用手掌輕壓使其緊密貼合。

7 以毛刷沾取45g左右的糖漿塗刷在蛋糕體上。以抹刀將剩餘的夾層用香緹鮮奶油平抹在上面，如同打底般頂部和側面都要塗抹。

8 自冷藏室取出收尾用香緹鮮奶油，打發至8分發。

9 取部分*8*作為裝飾，其餘用抹刀平鋪於蛋糕體頂部。垂落至側面的鮮奶油，同樣以抹刀塗抹均勻。塗抹時轉動旋轉檯，讓鮮奶油厚度一致。

10 將三角鋸齒狀奶油刮刀靠在側面與頂部，轉動旋轉檯以刮出花紋。

11 將裝飾用香緹鮮奶油填入裝有6齒，口徑10mm星形花嘴的擠花袋中，沿著頂部邊緣擠出5條流線型線條。

12 最後將微甜糖漬櫻桃擺在香緹鮮奶油擠花內側，擺滿一圈。

POINT 微甜糖漬櫻桃上難免有粉紅色糖漿，無須特別擦拭，直接裝飾於蛋糕上。透過隨意擺放，增添搶眼的視覺效果。

杏仁海綿蛋糕 麵糊

製作美味的

「杏仁奶油蛋糕」

2種生杏仁膏打造具有深度的味道與口感

以杏仁海綿蛋糕麵糊作為慕斯蛋糕的基底麵糊時，容易有淪為配料的感覺。基於想將這種極具口感的麵糊升格為主角，因此構思了這道甜點。蓬鬆柔軟且具有彈性的口感是我的堅持，因此搭配2種杏仁膏一起使用，口感滑順的市售杏仁膏和內含杏仁顆粒的自製杏仁膏，既保有新鮮感又可以享受獨特口感。

厚實的麵糊。
大量蘭姆酒更添清爽又充滿馥郁香氣

為了呈現鬆軟又具有彈性的口感，堅持海綿蛋糕要有一定的厚度。用框模烤出4cm左右的厚度，然後切成2cm厚的片狀。於蛋糕體上塗刷大量尼可麗塔蘭姆酒，不帶甜味的蘭姆酒使口感更加緊實，也更能突顯杏仁風味。

法式奶油霜和脆糖杏仁粒增添華麗色香味

單吃蛋糕體也非常美味，但可以試著裝飾得更像櫥窗裡的小蛋糕，在2片海綿蛋糕中間和頂部塗抹法式奶油霜，但為了避免奶油味過於強烈，僅塗抹5mm厚度即可。最後於頂部撒脆糖杏仁粒，增添口感的同時也使杏仁風味更濃郁。整體架構雖然簡單，但因為特別強調麵糊的美味，一流的色香味堪稱小蛋糕等級。

自製生杏仁膏 <small>（容易製作的分量）</small>

- 帶皮杏仁（西班牙MARCONA生杏仁）＊……500g
- 精白砂糖……500g
- 蛋白……100g

＊ 水煮後去皮，而為了避免發霉，暫時放入運轉中的烤箱（無規定溫度，只要是運轉中的烤箱都可以）烘乾後使用。

1 將去皮烘乾後的杏仁和精白砂糖倒入Robot-Coupe食物調理機攪碎。

POINT 稍微留有一些顆粒狀態時即停止。

2 添加蛋白一起混拌均勻。以保鮮膜覆蓋並保存於冷藏室。

杏仁海綿蛋糕

（使用38×29.5×高5cm方形框模1個／40個分量）

- 蛋黃……173g
- 自製生杏仁膏……541g
- 生杏仁膏（市售）……541g
- 全蛋……260g
- 蛋白……195g
- 精白砂糖……43g
- 玉米澱粉＊1……153g
- 奶油＊2……326g
- 蘭姆酒……119g

＊1 過篩備用
＊2 融化並調溫至50度C

1 將一半分量的蛋黃和2種生杏仁膏倒入攪拌機的攪拌缸中，裝上扁平攪拌頭以低速運轉攪打。

2 混拌後慢慢添加剩餘的蛋黃並拌勻。

POINT 先添加蛋黃有助於混拌均勻。

3 加入所有蛋黃並整體攪拌均勻後，慢慢注入全蛋並攪拌均勻。

4 澈底拌勻蛋液後，以橡膠刮刀將沾附於攪拌缸內側的麵糊刮乾淨。改為中高速運轉，攪打至體積開始膨脹且泛白，整體呈黏稠狀態。

POINT 撈起來後緩緩滴落，底下有堆疊痕跡。

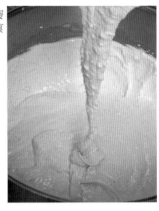

5 取另外一只攪拌缸，倒入蛋白和一半分量的精白砂糖，裝上打蛋頭，以中～高速運轉打發。整體飽含空氣、泛白且呈鬆軟狀態時，加入剩餘的精白砂糖。打發至整體有光澤感、尖角挺立但稍微垂落的狀態。

POINT 蛋白霜打發至尖角挺立，口感會較為輕盈。但這次要打造有彈性的口感，所以勿將蛋白霜打發至尖角完全挺立的程度。

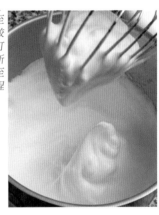

6 取1/3分量的**5**倒入**4**裡面，以刮刀混合攪拌。

7 在依稀看得到蛋白霜氣泡的狀態下撒些玉米澱粉，以從盆底向上舀起的方式攪拌均勻。

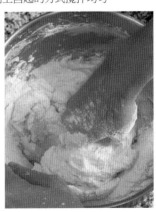

8 攪拌至看不見粉末狀，加入融化奶油拌勻。

9 倒入蘭姆酒，確實混合均勻。

10 倒入剩餘的蛋白霜，小心不要戳破氣泡，以從盆底向上舀起的方式攪拌均勻。整體均勻一致後，繼續攪拌至成團且呈現亮澤感。

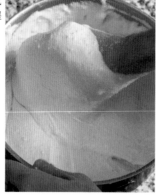

11 在60×40cm烤盤上鋪一張烤箱紙，上面擺放38×29.5×高5cm的方形框模，倒入麵糊。

12 下方再擺放一個烤盤（由於容易烤焦，多一個烤盤可以間接使下火溫度低一些），放進預熱至190度C的烤爐後，立即調降溫度至170度C，在拉開氣門狀態下烤焙50分鐘。

13 稍微放涼後脫模並置涼。將蛋糕體擺在2支高2cm的長棍之間，以菜刀將蛋糕體切成2片。不使用烤面。

法式奶油霜 （容易製作的分量）

- 英式蛋奶醬
  - 蛋黃……136g
  - 精白砂糖……163g
  - 牛奶……266g
  - 香草莢醬……3g
- 義式蛋白霜
  - 精白砂糖……273g
  - 水……91g
  - 蛋白……136g
- 奶油*……900g

* 奶油置於室溫下，變軟至手指按壓會凹陷的程度

1 製作英式蛋奶醬。將蛋黃和精白砂糖倒入料理盆中，以打蛋器混合攪拌。混合在一起就可以了。

2 將牛奶和香草莢醬倒入鍋裡，以大火加熱至快沸騰前關火。以打蛋器邊攪拌邊慢慢注入1裡面，小心不要噴出來。

3 以打蛋器攪拌並以中火熬煮至82～83度C且呈黏稠狀。注意不要讓底部材料燒焦。

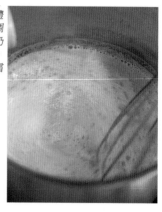

POINT 攪拌至表面體積開始膨脹且呈濃稠狀。若沒將英式蛋奶醬確實攪拌至濃稠，完成後的法式奶油霜會缺乏凝固力。

4 自火爐上移開鍋子，然後以錐形篩過濾至料理盆中。將料理盆置於冰水上，攪拌使其溫度下降至39度C。

5 在這個同時製作義式蛋白霜。將精白砂糖和水倒入鍋裡，以大火加熱，熬煮至118～120度C。

6 5開始沸騰時，將蛋白倒入攪拌機的攪拌缸中，以中高速運轉打發。體積開始膨脹且泛白時，切換成低速運轉攪打，將5沿著攪拌缸內側面緩緩注入。

7 再次切換成高速運轉打發。表面有光澤感且蛋白霜尖角挺立後，切換至中速運轉，攪拌使其溫度下降至29度C。

POINT 蛋白霜打發至表面有光澤感且尖角挺立的狀態。蛋白霜若過於鬆軟，法式奶油霜容易因為不夠紮實而缺少入口即化的口感，外觀也比較沒有光澤感。另一方面，糖度低的蛋白霜一旦和英式蛋奶醬、奶油結合，容易因為消泡而導致法式奶油霜變鬆軟。請務必遵照食譜，以蛋白和砂糖為1：2的比例混合在一起。

8 將軟化奶油放入料理盆中，以打蛋器混拌至髮臘狀。這時候的溫度大約25度C，是相對容易混拌其他奶油的溫度。

9 將英式蛋奶醬慢慢倒入 8 裡面，同時以打蛋器混拌至滑順狀態。

POINT 英式蛋奶醬的溫度若太低，奶油會因為凝固而無法乳化。相反的，溫度若太高，奶油會因為融化而導致整體變鬆軟。

10 將義式蛋白霜分3～4次倒進去，每次添加時確實用打蛋器以由下往上舀取的方式攪拌均勻，但小心不要戳破氣泡。

POINT 維持奶油溫度25度C、英式蛋奶醬39度C和義式蛋白霜29度C（夏季時注意不要讓料理盆的溫度過高，冬季則依情況適度調高溫度），然後混合在一起。溫度各自不同是為了盡量維持相同的軟硬度，以利最後成品的口感更加滑順輕盈。將完成的法式奶油霜放入冷藏室保存。

脆糖杏仁粒（40個分量）

- 水……81g
- 精白砂糖……249g
- 杏仁碎……600g
- 食鹽……1g
- 奶油……18g

1 銅鍋裡倒入水和精白砂糖，大火加熱熬煮至118～120度C。

2 轉為小火後加入杏仁碎和食鹽，以木鏟不斷攪拌。黏在一起的杏仁碎各自分開，表面形成白色薄膜的結晶化且稍微有沙沙感時轉為中火。

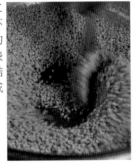

3 以從底部向上翻轉的方式持續攪拌。直到整體出現烤色且充滿濃郁香氣，當結晶化的精白砂糖逐漸融解，攪拌時會愈來愈吃力，而一旦冒煙便容易燒焦，請務必快速攪拌。

4 整體表面有光澤，感覺像是糖果，而且顏色呈褐色時即可關火。繼續攪拌使整體溫度一致。

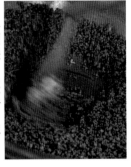

POINT 慢慢熬煮讓杏仁水分確實蒸發。為了避免水分殘留，這是最理想的方式。水分若沒有確實蒸發，難以打造酥脆口感。

5 添加奶油並充分拌勻。放涼的同時輕輕攪拌。

6 將脆糖杏仁粒攤開在鋪有烤箱紙的鐵板上。

組裝・收尾（40個分量）

- 法式奶油霜……600g
- 糖粉……適量

1 將恢復室溫的法式奶油霜倒入攪拌機的攪拌缸中，裝上扁平攪拌頭攪打至柔順。

2 將片狀杏仁海綿蛋糕（烤焙時的底部部分）置於砧板上，塗抹一半分量（300g）的法式奶油霜，以L型抹刀塗抹均勻。

3 覆蓋另外一片杏仁海綿蛋糕，用手輕輕按壓使其貼合。

4 塗抹剩餘的法式奶油霜，同步驟 2 抹平抹均勻。放入冷藏室凝固。

5 將 4 橫向擺放於砧板上，用瓦斯噴槍溫熱過的刀子薄薄切下兩端，然後分切成5條7.2cm寬的長條狀。

6 將 5 橫向擺放於砧板上，用刀子薄薄切下兩端，然後分切成8塊3.3cm寬的長方形。

7 將脆糖杏仁粒倒入料理盆中，然後鋪於 6 上方，輕壓使其貼合。

8 用濾茶網輕撒糖粉。

吉涅司蛋糕 麵糊

製作美味的

「開心果酒漬櫻桃蛋糕」

保留顆粒狀開心果，增添蛋糕體的層次感與口感

開心果酒漬櫻桃蛋糕所使用的吉涅司開心果蛋糕，原本是用於製作生菓子的一種蛋糕體。因緣際會下吃了剩餘蛋糕體的邊緣一小塊，那種驚為天人的美味讓我構思出這款以這種蛋糕體麵糊為主角的小蛋糕。麵糊裡搭配市售開心果粉和切細碎的生開心果，咀嚼開心果顆粒的同時，具層次感的開心果滋味在口中蔓延，既能享受美好滋味，也能享用十足的紮實咬感。

法式奶油霜的乳香味帶出麵糊的鮮美

搭配濃醇的法式奶油霜，打造截然不同的豐富美味，這是單用一般奶油的麵糊無法呈現的味道。添加於鮮奶油中的開心果泥，使用生開心果與烘焙開心果2種不同風味。單純使用前者，容易有強烈的生澀味道，而單純使用後者，烘焙香氣又會過於濃烈，因此將兩者以1：1的分量混合在一起，讓彼此的風味更加協調。

頂部一層厚達2mm的酸櫻桃果醬，打造強烈存在感

酸櫻桃果醬不僅增添外觀與味道的華麗感，另外一個重要任務是打造口感。以2mm左右的厚度為基準，確實呈現果凍的口感與紮實風味。營造完全不輸Q彈蛋糕體和濃郁鮮奶油的強烈存在感。

吉涅司開心果蛋糕

（使用38×29.5×高5cm框模4個／切成55份）

- 全蛋＊1……648g
- A
  - 開心果粉（市售）……224g
  - 開心果（新鮮，整顆切細碎）……224g
  - 杏仁粉……224g
  - 糖粉……620g
- B
  - 低筋麵粉……176g
  - 發粉……8.8g
  - 玉米澱粉……56g
- 奶油＊2……268g

＊1 打散備用
A 混合一起過篩備用
B 混合一起過篩備用
＊2 融化並調溫至35度C

1 全蛋倒入攪拌機的攪拌缸中，安裝打蛋頭並以低速運轉攪打。

2 泛白且黏稠時移開攪拌缸，然後倒入過篩備用的 A 和 B 混合在一起。用手或刮板以從盆底向上舀起的方式攪拌均勻。

3 整體攪拌均勻後，加入融化奶油，同樣攪拌均勻。

POINT 將奶油調溫至35度C。溫度過低恐難以攪拌，成品也無法呈現亮澤感。

4 整體攪拌均勻並攪拌至表面有光澤感。如照片所示的狀態。

5 在4塊60×40cm的烤盤上鋪烤箱紙，各擺上一個38×29.5×高5cm的框模。將麵糊分成4等分並倒入框模中，以L型抹刀抹平。

6 各自於烤盤下再各擺一塊烤盤，放進預熱至230度C且拉開氣門的烤爐中烤焙13分鐘。出爐後置於室溫下放涼。

開心果法式奶油霜（55個分量）

- 法式奶油霜＊1……1200g
- 開心果泥（西西里島布朗特產，烘焙開心果）＊2……50g
- 開心果泥（伊朗產，生開心果）＊2……50g

＊1 材料與製作方式請參照P.16「杏仁奶油蛋糕」
＊2 混合在一起備用

1 將恢復室溫的法式奶油霜和2種開心果泥倒入攪拌機的攪拌缸中，安裝扁平攪拌頭並以中速運轉攪打至均勻。

糖漿（55個分量）

- 櫻桃香甜酒……150g
- 糖漿（30度波美糖漿）……75g
- 水……75g

1 所有材料混拌均勻。

組裝 1

1 撕掉其中一片吉涅司開心果蛋糕的烤箱紙，以烤面朝上的方式置於砧板上。

2 以毛刷沾取1/4分量（75g）的糖漿塗刷在上面。

3 接著塗抹1/3分量（約430g）的開心果法式奶油霜，以L型抹刀抹平（厚度均勻一致）。

4 取另外一片吉涅司開心果蛋糕，以烤面朝下的方式鋪在**3**的上面，撕掉烤箱紙並用手輕輕按壓貼合。

5 如同**2**的步驟塗刷糖漿後，再取430g左右的開心果法式奶油霜，同**3**的步驟塗抹。

6 再鋪上第3片吉涅司開心果蛋糕，同樣塗刷糖漿和塗抹開心果法式奶油霜。最後鋪上第4片吉涅司開心果蛋糕，同樣塗刷糖漿。覆蓋烤箱紙置置於鐵板上，從上方輕輕按壓使蛋糕體和奶油霜緊密貼合。然後上下顛倒置於冷藏室裡3個小時。

POINT 之後要鋪上果凍，所以務必讓表面平坦。

酸櫻桃果凍（55個分量）

- 酸櫻桃果泥……800g
- 水……200g
- 檸檬汁……20g
- 精白砂糖……400g
- 低甲氧基果膠（LM果膠）＊……15g
- ＊ 和部分精白砂糖混合在一起

1 將LM果膠以外的材料倒入鍋裡，小火加熱的同時以打蛋器攪拌。精白砂糖融解後加入事先和部分精白砂糖混合在一起的LM果膠，持續攪拌以避免結塊。沸騰後關火，倒入料理盆中。

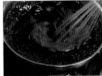

2 將料理盆置於冰水上，繼續以橡膠刮刀攪拌使其溫度下降至50度C。

POINT 如照片所示，有點濃稠的狀態。

組裝 2

1 將組裝1-6橫向置於砧板上，移開鐵板並撕掉烤箱紙。以刀子薄薄切掉兩端，然後分切成5條7.25cm寬的長條狀。

2 在鐵板上擺放一塊金屬網架，將**1**的其中1條放在網架上。從上方澆淋1/5分量的酸櫻桃果凍，以抹刀塗抹頂部和側面。置於室溫下晾乾10分鐘。以用手觸摸不會沾黏為基準。

POINT 塗抹果凍時，盡量讓頂部厚達2mm左右。側面則是隱約可以看到蛋糕體的厚度。

披覆糖衣（55個分量）

- 糖粉……250g
- 檸檬汁……25g
- 水……25g

1 將材料放入料理盆中，以橡膠刮刀充分混合在一起。攪拌至滑順且沒有結塊後移至鍋裡以中火加熱。呈潺潺流動狀且透明時即關火自火爐上移開。這時溫度大約65度C。

POINT 加熱後再澆淋於蛋糕體上，比較容易結晶化。增添亮澤感也增加酥脆口感。

收尾（55個分量）

- 開心果（切半）……55個
- 微甜糖漬櫻桃＊……55個
- ＊ 材料和製作方式請參照P.11「雪利酒蛋糕」。

1 取1/5分量的披覆糖衣澆淋在組裝2-**2**上面，以L型抹刀塗抹延展於頂部和側面。

2 橫向擺放，以刀子薄薄切下兩端，再分切成11個2.5cm寬的長方形。

3 以微甜糖漬櫻桃和開心果裝飾。

布里歐麵包 麵團

製作美味的

「聖托佩塔」

布里歐麵包出爐後，
靜置一天讓糖漿確實滲透

聖托佩塔是南法小鎮聖托佩的特有甜點，但這裡為大家介紹的是融合瑞典傳統甜點「鮮奶油圓麵包（semla）」精髓的原創聖托佩塔。同樣使用布里歐麵包麵團的變化版。布里歐麵包出爐後，靜置1天後再使用。不僅糖漿完全滲透，麵包體和鮮奶油也會更加融合，有合而為一的整體感。透過布里歐麵包麵團的美味突顯不同於一般維也納甜酥麵包的口感與風味。

以糖漿和自製生杏仁膏增加風味層次感

這裡為大家介紹的布里歐麵團有個與眾不同的特色，那就是搭配部分全麥麵粉。最大用途是帶出小麥的香氣，並活用較為粗獷的酥脆口感。將布里歐麵團浸泡在蘭姆酒與香橙糖漿裡，以生杏仁膏作為夾層（取自鮮奶油圓麵包的靈感），打造全新美味。

以濃郁的鮮奶油和酸甜覆盆子增添味道的豐富性

使用濃郁、即使剛從冷藏室取出也同樣具有滑順口感的慕斯林奶油醬作為夾層鮮奶油。另外擠上一些覆盆子醬，增加味道的多樣化。最後在蛋糕體上撒珍珠糖，突顯淡淡甜味與口感。

布里歐麵團

（使用直徑7.5×高1.8cm圓形圈模／35個分量）

- 高筋麵粉*1……250g
- 低筋麵粉*1……125g
- 全麥麵粉*1……62.5g
- 水*2……20g
- 速發乾酵母（金SAF）*2……6.5g
- 精白砂糖……35g
- 食鹽……8g
- 全蛋……360g
- 奶油*3……200g
- 烤模用奶油*3……適量
- 塗刷蛋液*4……適量
- 珍珠糖……適量

*1 各自過篩混合在一起。過篩全麥麵粉時，另外取出麩皮，麩皮不
  要丟棄，之後使用
*2 將水加熱至30度C，然後倒入速發乾酵母和一小撮取自分量中的
  精白砂糖，混合攪拌均勻並靜置5分鐘發酵
*3 置於室溫下回軟至髮蠟狀
*4 將全蛋和水以3：1的比例混拌在一起

1 將高筋麵粉、低筋麵粉、全麥麵粉、發酵好的速
發乾酵母、水、剩餘的精白砂糖、食鹽、全蛋倒
入攪拌機的攪拌缸中，安裝扁平攪拌頭並以中速
運轉攪打。看不到粉末狀後繼續攪打5分鐘。

2 切換至中高速運轉，將奶油分2次添加並混拌均
勻。

POINT 添加奶油之前確實拌勻以產生麵筋。太早添加奶
油易妨礙麵筋的形成，造成麵團沒有足夠的咬勁。但相較
於麵粉用量，由於水量較少，攪拌過程中容易因為摩擦而
使麵團溫度上升。一旦奶油溶化，容易導致麵團膨脹效果
變差，建議先將攪拌缸內側面的麵團都刮下來後再添加奶
油。

3 奶油混拌均勻後，攪
拌機切換至低速運
轉，倒入事先取出的
全麥麵粉的麩皮。

POINT 添加麩皮是為了突
顯全麥麵粉的香氣與口感。

4 再次切換至中高速運轉，繼續攪拌5分鐘。麵糊
集結成團後關掉攪拌機。相較於麵粉用量，由於
奶油量較多，所以麵團十分柔軟。

5 移至料理盆中，以刮板輕輕翻轉麵團，整理成表
面有彈性的圓形（照片）。覆蓋保鮮膜並放入冷藏
室，低溫保存12小時慢慢進行基本發酵。基本發
酵後會膨脹1.5倍。

6 在直徑7.5×高1.8cm圓形圈模內側塗刷烤模用奶
油。方便脫模，也可以增添風味。

7 在5的表面撒手粉，用拳頭敲打麵團以排出空
氣。

POINT 排出麵團
裡的空氣，目的是
使整體膨脹程度一
致，也為了活化筋
性。請確實敲打，
避免留下大氣泡。

8 以刮板分切成數份，每份30g左右，用手掌拍打以排出空氣。撒手粉後以輕握方式將麵團滾圓，讓麵團表面緊繃且光滑。

9 將 8 每隔3cm左右擺在鋪有烤墊的鐵板上，以毛刷在表面塗刷蛋液。用手掌壓扁至大約1cm的厚度，撒些珍珠糖並輕壓使其貼合。

10 放在內側塗抹奶油備用的圓形圈模裡，置於溫度25度C、濕度45％的室內1小時30分鐘，進行最後發酵。麵團膨脹至圈模邊緣，中央處稍微高於圈模高度就可以了。照片為最後發酵前的麵團。

11 放入預熱至240度C且拉開氣門的烤爐中烤焙12分鐘。

聖托佩塔用的生杏仁膏
（35個分量）

- 自製杏仁膏＊……150g
- 杏仁膏（市售）……150g
- 手粉（玉米澱粉）……適量

＊ 材料與製作方式請參照P.15「杏仁奶油蛋糕」

1 在工作檯上撒手粉，用手揉捏將2種生杏仁膏混合在一起。記得手上也要撒手粉。

2 擺放一支高3mm長棍作為高度依據，撒手粉並以擀麵棍將 1 延展成長方形，然後以直徑7cm圈模壓成圓形麵皮。

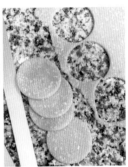

3 排列於鋪有烤箱紙的鐵板上，上方再覆蓋一張烤箱紙以防乾燥，然後放入冷藏室保存。

卡士達醬（容易製作的分量）

- 牛奶……500g
- 香草莢＊1……1/2根
- 精白砂糖……125g
- 蛋黃……125g
- 高筋麵粉＊2……45g
- 奶油……45g

＊1 取出香草籽，留下豆莢稍後使用
＊2 過篩備用

1 鍋裡倒入牛奶、香草莢中取出的香草籽和豆莢、上述分量中約1大茶匙的精白砂糖，以小火加熱至沸騰。

POINT 添加少量砂糖可以提高蛋白質凝固的溫度，預防表面形成薄膜。

以「美味麵糊」為主角

2 料理盆裡倒入蛋黃和剩餘的精白砂糖，使用打蛋器以摩擦盆底的方式攪拌，使精白砂糖完全融解。

POINT 充分攪拌至精白砂糖特有的顆粒感消失。精白砂糖沒有完全融解就加入粉類的話，不僅容易結塊，也難以將粉類攪拌均勻，這會導致烤焙後的鮮奶油口感變黏稠厚重。店裡為了強調咬勁，所以使用高筋麵粉。高筋麵粉粒子粗，必須等精白砂糖確實融解後才添加，這樣才不容易結塊。

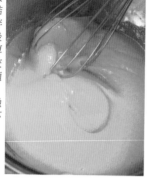

3 精白砂糖融解後倒入高筋麵粉，確實攪拌至表面有光澤感。

4 取一湯杓沸騰過的**1**，連同豆莢一起放入**3**裡面混合均勻。

5 以瀝水器過濾**4**並移至另外一個料理盆中。在這個步驟中去除豆莢的同時，也濾掉蛋的繫帶。

6 將**5**倒入裝有**1**的鍋裡，小心注入不要讓材料飛濺出來。

7 大火加熱並以打蛋器不斷攪拌。

POINT 重點在於大火加熱，但由於使用高筋麵粉，如果過於用力且快速攪拌，容易因為過於黏稠而使口感變黏膩。因此加熱時，既要小心不要燒焦，也要注意不可攪拌過度。

8 沸騰且有一定濃稠度時，再稍微攪拌一下以切斷筋性，待表面有光澤後即可加入奶油。繼續攪拌到奶油溶化才關火。

9 將**8**倒在保鮮膜上，薄薄攤平後再覆蓋一層保鮮膜。稍微放涼後放入急凍櫃中冷卻。

覆盆子醬（容易製作的分量）

· 覆盆子（冷凍、不規則形狀）……500g
· 精白砂糖＊……300g
· 低甲氧基果膠＊……7.5g
＊ 充分混合均勻

1 鍋裡倒入覆盆子、混合在一起的精白砂糖和LM果膠，以大火加熱並用打蛋器混拌均勻。

2 精白砂糖融解且沸騰後關火，移至料理盆中。稍微放涼後覆蓋保鮮膜並使其緊密貼合於表面，然後放入冷藏室裡冷卻。

慕斯林奶油醬（5個分量）

· 法式奶油霜＊……100g
· 卡士達醬……100g
＊ 材料與製作方式請參照P.16「杏仁奶油蛋糕」

1 將法式奶油霜和卡士達醬各自恢復室溫，然後倒入同一個料理盆中，以打蛋器確實混拌至有光澤感。

浸泡用糖漿（5個分量）

· 糖漿（30度波美糖漿）……40g
· 蘭姆酒……40g
· 柳橙汁……40g

1 將所有材料混拌均勻。

組裝・收尾

- 糖粉……適量

1 將高1cm的長棍置於布里歐麵包上下兩側，以鋸齒刀切成上下兩半。

2 將浸泡用糖漿加熱至38度C。然後將剛才切片的布里歐麵包浸泡在糖漿裡，讓糖漿確實滲透至麵包裡。

3 在底部用麵包的切面上塗抹聖托佩塔用的生杏仁膏。

4 將慕斯林奶油醬填入裝有6齒・直徑15mm星形花嘴的擠花袋裡，在 **3** 的上面從中心朝外擠出漩渦狀奶油醬，分量約40g。

5 將覆盆子醬填入擠花袋中，前端剪開一個小洞，以畫圓方式擠花，一個約6g。

6 擺上另外一半蓋子用麵包，以濾茶網撒上糖粉。

以「美味麵糊」為主角

傑諾瓦士蛋糕 麵糊

製作美味的

「草莓奶油蛋糕」

混合杏仁粉製作的傑諾瓦士蛋糕，
厚切使口感質地更Q彈有嚼勁

草莓奶油蛋糕（Fraisier）是使用傑諾瓦士蛋糕為基底的典型法式甜點之一。為了讓大家
細細品嚐麵糊美味，所以使用混合杏仁粉製作的傑諾瓦士蛋糕。在麵糊上塗刷充滿櫻
桃香甜酒風味的糖漿，而且相較於家常傑諾瓦士蛋糕，抑制全蛋打發程度以提高細緻
度。另外，為了增加Q彈口感和濃郁香氣，特別將蛋糕體切成厚片。夾層部分使用慕
斯林奶油醬搭配法式奶油霜，雖然味道豐富，但質地輕盈。

傑諾瓦士蛋糕

（使用38×29.5×高5cm框模1個＊1／切成36份）

- 全蛋……625g
- 精白砂糖……210g
- 蜂蜜……75g
- 杏仁粉＊2……150g
- 糖粉＊2……150g
- 低筋麵粉＊3……420g
- 奶油＊4……115g

＊1 放在鋪有烤墊的烤盤上，框模側面鋪烤箱紙，略高於框模
＊2 混合一起過篩備用
＊3 過篩備用
＊4 融化並調溫至40度C

1 將全蛋、精白砂糖、蜂蜜倒入攪拌機的攪拌缸裡，使用打蛋器以摩擦盆底的方式攪拌至精白砂糖均勻分布。

2 安裝打蛋頭，以中速運轉打發。飽含空氣、整體泛白、體積開始膨脹（約7分發）後，關掉攪拌機。倒入過篩的杏仁粉、糖粉、低筋麵粉，使用刮板以切拌方式攪拌至沒有粉末狀。

3 放入融化奶油，混拌至表面有光澤感。

4 注入準備好的框模裡，以L型抹刀抹平表面。放入預熱至190度C的烤爐後，立刻調降溫度至170度C，烤焙40～45分鐘。出爐後置於室溫下放涼。

慕斯林奶油醬（36個分量）

- 法式奶油霜＊1……800g
- 卡士達醬＊2……800g

＊1 材料與製作方式請參照P.16「杏仁奶油蛋糕」
＊2 材料與製作方式請參照P.25「聖托佩塔」

1 法式奶油霜恢復室溫。卡士達醬則暫時放入冷藏室裡備用，直到使用時再取出。

2 將法式奶油霜放入攪拌機的攪拌缸裡，安裝扁平攪拌頭以低速運轉攪打使其飽含空氣。倒入卡士達醬，攪拌均勻。

糖漿（36個分量）

- 櫻桃香甜酒……180g
- 糖漿（30度波美糖漿）……180g

1 材料混合均勻。

組裝

- 草莓（去蒂）……80～100顆

1 傑諾瓦士海綿蛋糕脫模，以烤面朝上的方式置於砧板上，用鋸齒刀切成2塊厚度1.5cm的片狀。不使用烤面。

2 以毛刷沾取一半分量（180g）的糖漿塗刷於一片蛋糕體上面。

3 接著塗抹一半分量（800g）的慕斯林奶油醬，以L型抹刀抹平（厚度均勻一致），然後將草莓排列在上面。切片時盡量讓草莓的切面大小一致。

4 將剩餘慕斯林奶油醬塗抹在 3 上面。同樣以L型抹刀抹平（厚度均勻一致）。

5 取另外一片蛋糕體覆蓋在 4 上面，塗刷剩餘糖漿。放入冷藏室裡冷卻凝固。

收尾（36個分量）

- 生杏仁膏（市售）……300g
- 食用色素（紅、綠）……適量
- 法式奶油霜……適量
- 草莓（去蒂）……18顆

1 在生杏仁膏上撒糖粉（分量外）、手粉、紅色食用色素，揉捏至整體均勻上色。

2 以擀麵棍將 1 延展成2mm厚度，並切成38×29.5cm大小。以擀麵棍將其捲起來並鋪於組裝-5 上面，使其緊密貼合。

3 以菜刀切掉邊緣不整齊的部分，然後分切成36塊9×3cm的大小。

4 頂部擠些法式奶油霜，擺上去蒂的草莓裝飾。將綠色食用色素倒在剩餘的法式奶油霜中，攪拌均勻上色。填入裝飾擠醬筆中，切開前端並於蛋糕兩側擠圖案。

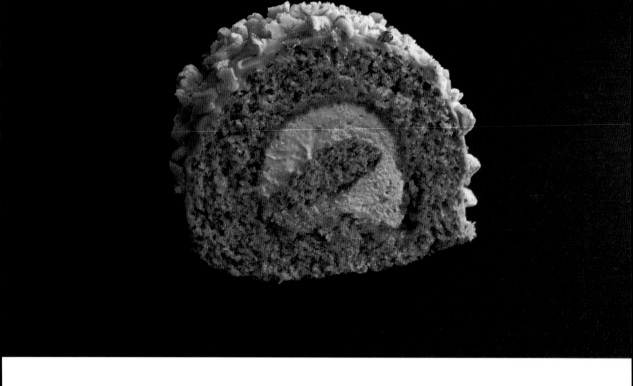

傑諾瓦士蛋糕 麵糊

製作美味的
「胡桃咖啡捲」

清脆質地的麵糊搭配大量奶油，
再加上香氣濃郁且帶點苦味的咖啡

靈感來自於想要製作一款法式甜點風的蛋糕捲。將傑諾瓦士蛋糕烤焙成片狀，減少奶油用量以利捲成蛋糕捲。搭配研磨成粉末狀的濃縮咖啡和肉桂粉，增添微苦滋味與香氣。塗刷蘭姆酒糖漿後，將添加濃郁堅果糖的堅果法式奶油霜捲起來。為了呈現酥脆口感，所以糖漿使用量不多，只要有香氣就可以了。

咖啡傑諾瓦士蛋糕

（使用60×40cm烤盤1個／切成22份）

- 全蛋……530g
- 精白砂糖……280g
- A ・低筋麵粉*1……280g
  - ・肉桂*1……8g
  - ・發粉*1……1g
  - ・杏仁粉……150g
  - ・濃縮咖啡用咖啡豆（粉末狀）……8g
- B ・牛奶……25g
  - ・奶油……40g

A *1 混合在一起過篩，另外取一只料理盆混合過篩杏仁粉和濃縮
咖啡咖啡豆（粉末）

B 混合於鍋裡，加熱融化奶油並調溫至40度C

1 將全蛋和精白砂糖倒入攪拌機的攪拌缸裡，使用
打蛋器以摩擦盆底的方式攪拌混合在一起。

2 安裝打蛋頭，以中速運轉打發。攪拌至飽含空
氣、整體泛白且體積膨脹至一定程度（約8分發）後
關機，加入混合均勻的 A，以刮板切拌至沒有粉
末狀。

3 添加 B，攪拌至整體有光澤感。

4 倒入鋪有烤箱紙的烤盤上，以L型抹刀抹平表
面，放進預熱至190度C的烤爐後，立即調降溫
度至170度C，烤焙30分鐘。出爐後置於室溫下
放涼。

堅果法式奶油霜（11個分量）

- 堅果法式奶油霜*……400g

* 材料與製作方式請參照P.176「咖啡堅果法式奶油霜」

糖漿（11個分量）

- 蘭姆酒……15g
- 糖漿（30度波美糖漿）……15g

1 將材料混合均勻。

脆糖堅果粒（容易製作的分量）

- 精白砂糖……300g
- 水……100g
- 核桃（切粗粒）……600g
- 食鹽……1g

1 鋼鍋裡倒入精白砂糖和水，大火加熱熬煮至114
度C。關火後倒入核桃和食鹽，以木鏟不停攪
拌。

2 黏在一起的核桃碎各自分開，表面形成白色薄膜
的結晶化且變得有沙沙感的狀態時轉為中火。以
從底部向上翻轉的方式持續攪拌。出現濃郁香
氣、結晶化的精白砂糖逐漸融解、開始有光澤感
且整體呈褐色時即可關火。持續攪拌至整體溫度
一致。

3 將核桃碎粒鋪在烤箱紙上置涼。

組裝

1 撕下咖啡傑諾瓦士蛋糕上的烤箱紙，以烤面朝
下的方式橫向放在砧板上，用菜刀將長邊切成一
半，每一半會再平分切成11等分。

2 配合蛋糕體的大小裁切烤箱紙並鋪於砧板上，然
後將1以烤面朝上的方式橫向放在砧板上。

3 以毛刷塗刷糖漿。

4 抹上250g堅果法式奶油霜，以L型抹刀塗抹均
勻。靠近自己的部分塗抹得少一點薄一點，方便
之後捲起來。

5 為了方便捲起來，將靠近自己的這一端稍微向內
摺作為軸心，然後一手抓著烤箱紙，一手將蛋糕
體向前捲動，捲動時注意左右兩側要平均。

6 捲到最後時，將末端朝下，以雙手稍微調整一下
形狀。再以烤箱紙將蛋糕捲捲起來，用尺輔助確
實壓緊蛋糕捲。連同烤箱紙一起放入半圓長條形
烤模中，置於冷藏室3個小時冷卻凝固。

收尾

1 將組裝-6橫向置於砧板上，表面塗抹150g堅果
法式奶油霜。

2 以瓦斯噴槍溫熱菜刀，薄薄切掉蛋糕捲兩端，然
後分切成11塊，厚度約3cm。

3 表面布滿脆糖堅果粒。

千層酥皮

製作美味的

「覆盆子千層酥」

使用正統3褶共6次的手法，
表現酥脆纖細的口感

最具代表性的千層酥皮甜點非覆盆子千層酥莫屬。千層酥皮的摺法有很多種，但為了
表現咬感、清脆且輕盈的口感，使用最基本的3褶共6次的手法。作為中間夾層的慕斯
林奶油醬多半會搭配卡士達醬一起使用。以蛋和牛奶的味道為主，充滿奶香又光滑細
軟的奶油醬。但這裡為了突顯麵團的美味，刻意減少使用分量。蛋糕體表面塗刷覆盆
子醬，獨特口感與酸甜味具畫龍點睛的效果。

千層酥皮 （容易製作的分量／75個分量）

- A ・高筋麵粉＊1……1000g
  - ・低筋麵粉＊1……350g
  - ・精白砂糖……15g
  - ・食鹽……30g
- ・奶油（切成1cm立方塊）……100g
- B ・全蛋……120g
  - ・醋……10g
  - ・水……適量（混合全蛋和醋共610g分量）
- ・摺疊用奶油＊2……900g

A ＊1 混合過篩，加入精白砂糖和食鹽混合均勻後放入冷藏室裡冷卻備用
B 全蛋打散，加入醋和水混合均勻後放入冷藏室裡冷卻備用
＊2 放入冷藏室裡冷卻備用

1 將 A 和切成1cm立方塊的奶油放入攪拌機的攪拌缸裡，倒入 B，安裝麵團勾並以低速運轉攪打。

2 成團後移至工作檯上，依稀看得見奶油顆粒也沒關係。用雙手揉捏至表面有光澤感，並且整理成圓形。以菜刀在表面深深畫出十字形，裝入塑膠袋中並置於冷藏室1晚。完成酥皮麵團。

3 將摺疊用奶油裝入塑膠袋中，以擀麵棍敲打並延展成20cm平方的正方形。

4 將 2 置於撒好手粉（分量外）的工作檯上，從畫有十字的中間部位往四邊延展成正方形，然後以擀麵棍調整為35cm平方的正方形。

5 將摺疊用奶油擺在 4 的中央，不要正擺，稍微偏移45度角。將酥皮麵團從4個邊角往中央摺，確實按壓將奶油包在裡面，小心不要讓空氣跑進去。再以擀麵棍從上方緊密按壓。

6 為了順利通過起酥壓麵機，先以擀麵棍將麵團延展成厚度2～2.5cm的長方形。通過壓麵機後會變成70×35cm的長方形。

7 將 6 橫向擺放在工作檯上，各從左右兩側朝中間摺成3褶。以擀麵棍延展成厚度2～2.5cm的長方形，麵皮轉90度後再次放入起酥壓麵機中延展成70×35cm的長方形。

8 同樣將 7 摺成3褶，以擀麵棍按壓使麵皮緊密貼合。用毛刷輕輕刷掉多餘的手粉，再以保鮮膜包覆並放入冷藏室30分鐘～1小時。

9 步驟 6～8 再重覆2次（2次3摺作業再3次，共計6次）。最後靜置於冷藏室1小時熟成。

10 以起酥壓麵機將 9 延展成厚2.5mm的長方形。以打孔滾輪在表面打孔，分切成5片50×30cm的長方形。1片再分切成15分，冷藏30分。

11 將酥皮麵團置於烤盤上，放入預熱至220度C的烤爐中烤焙30分鐘。烤焙過程中若麵團浮起來，可以在麵團上擺張烤網，再以烘焙石壓住。

12 移開烤網並撒上糖粉。再放回烤爐裡烤焙5分鐘，讓糖粉焦糖化。

13 稍微放涼後薄薄切掉四邊，然後將3片酥皮各自分切成45×9cm的長方形。3片為1組。

覆盆子醬 （15個分量）

- ・覆盆子醬＊……150g
＊ 材料與製作方式請參照P.26「聖托佩塔」

慕斯林奶油醬 （15個分量）

- ・法式奶油霜＊1……250g
- ・卡士達醬＊2……750g
＊1 材料與製作方式請參照P.16「杏仁奶油蛋糕」
＊2 材料與製作方式請參照P.25「聖托佩塔」

1 法式奶油霜恢復室溫。卡士達醬則先暫時放入冷藏室，直到使用時再取出。

2 將法式奶油霜倒入攪拌機的攪拌缸裡，安裝扁平攪拌頭並以低速運轉攪打，飽含空氣後加入卡士達醬混合攪拌均勻。

披覆糖衣 （15個分量）

- ・糖粉……100g
- ・檸檬汁……3g
- ・水……10g

1 將材料倒入料理盆中，以橡膠刮刀攪拌均勻。

組裝・收尾 （15個分量）

- ・覆盆子……40顆

1 將覆盆子一一對半切開。

2 將1片切成45×9cm大小的酥皮以烤面朝上的方式橫向擺在砧板上。

3 取一半分量（75g）的覆盆子醬抹在上面，再以L型抹刀塗抹均勻。

4 將慕斯林奶油醬填入裝有寬16mm排齒花嘴的擠花袋中，在 3 上面擠500g左右的慕斯林奶油醬。然後撒上一半分量的 1 覆盆子。

5 取第2片酥皮以烤面朝上的方式擺在 4 上面，輕輕按壓使其貼合。再擠500g左右的慕斯林奶油醬，同樣撒上剩餘的覆盆子。

6 取第3片酥皮擺在 5 上面，輕輕按壓使其貼合，將剩餘的覆盆子醬均勻塗抹在表面。

7 將披覆糖衣倒入鍋裡，中火加熱並以橡膠刮刀持續攪拌，調溫至50度C。

8 以毛刷取 7 塗刷在 6 上面。放入冷藏室裡冷卻凝固，以鋸齒刀切15等分，每塊3cm寬就完成了。

關於塔派麵團

因為喜歡塔派，店裡以「塔派」為名的甜點或為基底的小蛋糕種類也隨之愈來愈多樣化。塔派帶有濃郁的奶油香氣和酥脆口感，雖然經常擔任「容器」和「基底」的輔助角色，但不輸主角的獨特個性，非常適合製作成擁有自我特色的甜點。

基本塔派麵團只有一種，那就是法式甜塔皮。使用一般極為常見的材料，但奶油使用比例相對偏高，而且另外搭配杏仁粉一起使用，所以風味格外濃郁且豐富。塔派有趣的地方在於可以直接使用基本配方製作，也可以依照甜點種類改變塔派的口味。打造具有變化性的塔派需要3個要素，包含麵團厚度、烤模和烤焙方法。左頁是製作小塔派使用的麵皮、烤模，以及最終烤焙成果。

最上面是「秋葉塔」（P.106）。塔派好比是「容器」，用於填裝水果配料和蛋塔料糊。烤模方面使用一般製作塔派的直徑7.5×高1.7cm的法式塔圈，將塔皮厚度控制在略薄的2mm左右，盲烤後再填入大量蛋塔料糊。

第二排是「黑醋栗塔」（P.166）的「基底」。內部填裝濃郁的黑醋栗風味餡料，所以需要存在感不輸餡料的塔派。塔皮厚度2.5mm是本店製作塔派的基本厚度，另外也使用直徑6×高1.5cm的塔模，比一般塔模的高度略高一些。塔派裡填入杏仁卡式達奶餡，烤焙至深褐色，些許焦味和黑醋栗的苦澀味有異曲同工之妙。

第三排是人氣商品「咖啡塔」（本書未收錄）。在盲烤後的塔皮裡倒入核桃、鹽味焦糖，最後再覆蓋一層略帶苦味的咖啡慕斯。輕盈且入口即化的慕斯襯托塔皮的酥脆芳香，但塔皮若烤焙得過於紮實，反而會使整體失衡，導致味道變得過於濃膩。因此店裡改將厚度2.5mm的塔皮鋪於直徑6×高1.5cm的塔圈烤模中，而且盲烤時不放烘焙石，利用麵團回縮特性，讓側面塔皮的高度降低一些。另外也為了去除多餘油脂，在塔皮底部事先鋪一層烤墊，少了油脂，質地輕盈的塔皮更能搭配細緻綿密的慕斯。

第四排是「焦糖香料塔」（P.70），一款焦糖、香料風味的水果乾搭配巧克力，充滿濃郁香氣與口感的塔派。為了鎖住濃郁香氣與美味，使用直徑7×高1.2cm的淺型塔模。塔皮太薄恐無法承載厚重的焦糖，而且味道也容易遭焦糖覆蓋，所以店裡將塔皮延展成3mm厚度，並於盲烤後再填入餡料。

2

以「基礎組成部分」為主角

卡士達醬

製 作 美 味 的

「咖啡閃電泡芙」

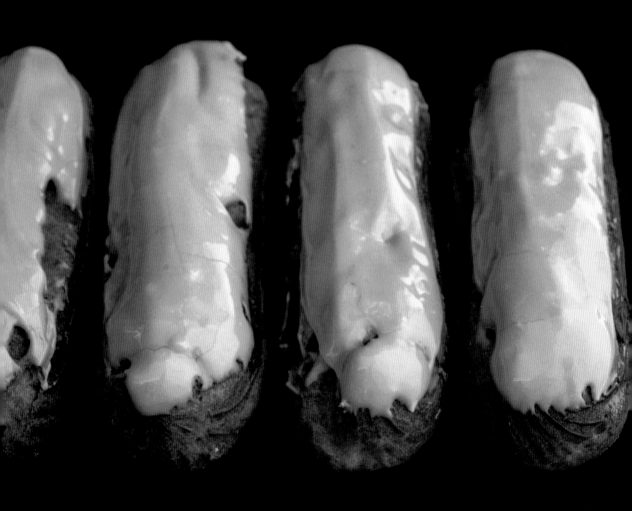

以濃縮咖啡取代一半分量的牛奶，
讓水嫩與濃郁相得益彰

如果想製作具有強烈濃郁咖啡風味的卡士達醬而使用濃縮咖啡取代所有牛奶，可能會造成卡士達醬原有的特色與味道消失殆盡。因此店裡以濃縮咖啡取代一半分量的牛奶，可以同時兼具牛奶的鮮甜美味與濃郁咖啡的多層次香味。添加重量30％的香緹鮮奶油，打造溫和醇厚口感。

搭配玉米澱粉，口感Q彈又滑順

以濃縮咖啡取代一半分量的牛奶，搭配全分量的小麥麵粉，質地更加水嫩。也因為搭配一半分量的玉米澱粉，澱粉特性使口感Q彈的同時也更為滑順。以大火同時加熱蛋黃與粉類，是製作圓滑順口奶油的訣竅。

自製翻糖，讓咖啡風味更具立體感

在法式泡芙表面撒糖粉，多費點心思確實烤焙至充滿焦糖香氣與口感。翻糖裡添加自製咖啡濃縮液，一放入嘴裡，卡士達醬與咖啡交織的甜苦味瞬間瀰漫整個口腔中，讓人盡情享受極具層次與深度的美好滋味。

法式泡芙 (45個分量)

- 牛奶⋯⋯250g
- 水⋯⋯250g
- 奶油⋯⋯200g
- 精白砂糖⋯⋯10g
- 食鹽⋯⋯5g
- 高筋麵粉＊⋯⋯165g
- 低筋麵粉＊⋯⋯165g
- 全蛋⋯⋯570g
- 塗刷蛋液（全蛋）⋯⋯適量
- 糖粉⋯⋯適量
- ＊ 混合一起過篩備用

1 鍋裡倒入牛奶、水、奶油、精白砂糖、食鹽，以中火加熱熬煮，偶爾以木鏟攪拌一下。

2 奶油融化且完全沸騰後，自火爐上移開。倒入混合過篩的高筋麵粉與低筋麵粉並拌勻。粉類吸收水分後，再以小火加熱並快速攪拌。

3 加熱至沒有粉末狀且成團後關火（麵團溫度約80度C）。倒入攪拌機的攪拌缸裡，安裝扁平攪拌頭並以低速運轉攪打。

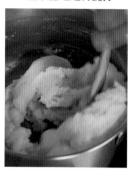 

POINT 法式泡芙塔皮是利用小麥麵粉含有的澱粉與水遇熱產生糊化作用製作而成，整體呈黏稠狀。飽含水分的黏稠麵團，放進烤箱中加熱膨脹。因此一開始必須讓牛奶、水和奶油等確實沸騰。唯有確實產生糊化作用，麵團才能膨脹得既飽滿又漂亮，也才能促使多餘的油脂滲出。

POINT 一般的糊化方式是「加熱狀態下攪拌至麵團與鍋子內側面分離」，但步驟3所使用的方式則是將成團的麵團趁熱移至攪拌機，然後以低速運轉攪打至糊化。這個方法能夠避免水分過度蒸發，讓粉類確實吸收水分，以利烤焙時膨脹。

4 讓麵團溫度下降至55度C左右，將全蛋分3次添加。每次添加時確實攪拌使其乳化。以低速運轉攪打。

POINT 以低速運轉攪打是為了避免空氣跑進去，有助於麵團變得更滑順。每次添加蛋液時，務必將麵團攪拌至糊狀。若沒有充分乳化，恐會影響之後的膨脹。

5 全蛋全部添加後，使用刮板以從盆底向上舀取的方式攪拌均勻。確實刮下沾黏在攪拌缸側面和攪拌頭上的麵團，並且混拌均勻。

6 將麵團填入裝有16齒、口徑13mm星形花嘴的擠花袋內，在薄薄塗抹一層奶油（分量外）的烤盤上擠出12cm的長條狀。

7 以毛刷在表面薄薄塗抹蛋液，並以濾茶網撒上一些糖粉。

POINT 撒糖粉是為了避免烤焙過程中乾燥，另外也為了增添烤焙後的酥脆口感。

8 放進預熱至220度C的烤爐中烤焙20分鐘，拉開氣門後再烤焙15分鐘。

9 出爐後立刻將泡芙拿在手中，並且趁熱以筷子等在底部戳2個洞孔，然後置於室溫下冷卻。

POINT 趁熱戳洞孔是為了排出多餘的蒸氣，增添酥脆口感。

咖啡卡士達醬 （30個分量）

- 蛋黃……125g
- 精白砂糖……125g
- 牛奶……250g
- 香草莢醬……1g
- 高筋麵粉＊1……40g
- 玉米澱粉＊1……10g
- 濃縮咖啡（萃取液）＊2……250g
- 奶油……55g

＊1 混合在一起過篩備用
＊2 準備剛萃取的熱濃縮咖啡液

1 將蛋黃和精白砂糖倒入料理盆中，用打蛋器以摩擦盆底的方式攪拌。

POINT 充分攪拌精白砂糖至沒有沙沙的顆粒感。精白砂糖沒有完全融解即加入粉類的話，不僅容易結塊，也容易因為沒有拌勻而導致烤焙後的奶油口感過於濃厚。

2 銅鍋裡倒入牛奶和香草莢醬，加熱至沸騰。

POINT 卡士達醬在大火快速加熱下，口感更加滑順。慢慢加熱恐會因為水分蒸發而導致口感過於厚重。為了避免溫度下降，添加牛奶後務必確實煮沸。混合全蛋、粉類和牛奶的時候，如果溫度下降，可能會使蛋液早在粉類之前熟透，進而導致結塊。

3 將混合在一起並過篩的高筋麵粉和玉米澱粉倒入**1**裡面，混拌至表面有光澤感。

4 將熱濃縮咖啡液倒入**3**裡面，混拌均勻。

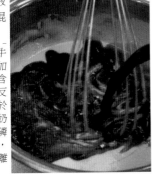

POINT 濃縮咖啡液和牛奶分別添加。同時添加且加熱的話，咖啡內含的酸類會與蛋白質起反應而造成油水分離。於添加蛋黃後再倒入牛奶的話，蛋黃內含的卵磷脂會產生乳化劑作用，進而避免產生油水分離現象。

5 將**4**倒入**2**裡面，以大火加熱熬煮。

POINT 製作卡士達醬的訣竅在於同時加熱粉類和蛋黃。比起使用全蛋，煮熟粉類需要比較高的溫度，若以中火加熱，蛋液會早在粉類之前熟透而產生結塊現象。因此，以大火瞬間加熱，有助於預防這種情況發生。

6 加熱熬煮時持續以打蛋器攪拌。沸騰且變濃稠後，持續攪拌以切斷筋性，直到整體表面有光澤感後再添加奶油。繼續攪拌至奶油融化後關火。

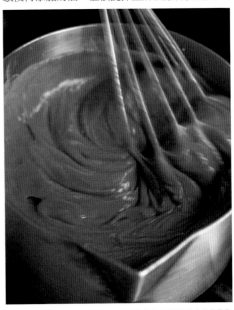

POINT 以打蛋器攪拌，發現愈來愈吃力且愈來愈濃稠時，代表澱粉已經糊化，這時候若直接關火，容易變成黏稠度非常高的奶油，但持續加熱攪拌則有助於切斷筋性，製作出滑順且流動性高的奶油。煮熟到這種程度時，即便冷卻後變黏稠，也依然能保留柔軟滑順狀。

7 將奶油倒在保鮮膜上鋪平，表面再覆蓋一層保鮮膜。稍微放涼後放入急凍櫃中冷卻。

以「基礎組成部分」為主角

咖啡翻糖 （30個分量）

- 咖啡濃縮液（以下記分量製作，取33g使用）
- 精白砂糖……600g
- 水……200g
- 熱水（80度C）……500g
- 咖啡豆（深焙、細研磨）……250g
- 糖漿（30度波美糖漿）……130g
- 精白砂糖……500g
- 水……200g
- 水飴……80g

1 製作咖啡濃縮液。鍋裡倒入精白砂糖和水，中火加熱至215度C，製作焦糖。關火後倒入熱水定色，然後倒入裝有咖啡豆的料理盆中，覆蓋保鮮膜靜置1晚備用。以錐形篩過濾，研磨咖啡豆並萃取濃縮咖啡。

2 將**1**的咖啡濃縮液和糖漿混合在一起備用。

3 鍋裡倒入精白砂糖、水、水飴，大火加熱熬煮至溫度達118度C，偶爾攪拌一下。

4 移至攪拌機的攪拌缸裡，安裝扁平攪拌頭以低速運轉攪打。溫度隨著攪打而下降，因結晶化而逐漸變白。

POINT 以低速運轉攪拌。高速運轉攪拌容易造成飛濺。

5 攪拌至泛白且呈破碎狀。

POINT 確實結晶化至照片中的狀態。未充分結晶的話，使用時容易四處溢流且沒有光澤感。

6 移至工作檯上，用手和刮板揉捏成團。確實拌開結塊部分。

7 添加少量的 **2**，繼續用手揉捏至柔軟狀態。

8 整體變柔軟後倒入裝有剩餘 **2** 的攪拌缸裡，以低速運轉攪打至泥狀。

組裝・收尾（30個分量）

- 香緹鮮奶油*
- 鮮奶油（乳脂肪含量47%）……220g
- 精白砂糖……22g
* 咖啡卡士達醬的30%重量

1 製作香緹鮮奶油。將鮮奶油和精白砂糖倒入料理盆中，以打蛋器打發。確實打發至尖角挺立的10分發。

POINT 打發不足會導致和卡士達醬混合在一起時無法維持漂亮的鮮奶油形狀。

2 取另外一只料理盆，倒入咖啡卡士達醬，以橡膠刮刀充分攪拌至光亮滑順狀態。

3 將香緹鮮奶油倒入 **2** 裡面，同樣以橡膠刮刀混拌在一起。

POINT 一旦完全混拌均勻，咖啡卡士達醬會失去筋性而呈濕黏狀態，不僅少了滑順感，口感也會變差。所以攪拌至還帶點筋性的程度就好。填入擠花袋後，擠花時自然會混合在一起。

4 裝上口徑7mm的圓形花嘴，從法式泡芙底部挖的洞孔填入35g的 **3**。

5 將咖啡翻糖倒入料理盆中，以隔水加熱的方式加熱至人體皮膚的溫度。

6 將 **4** 以烤面朝下的方式浸泡在 **5** 裡面，輕輕向上提起並搖晃，甩掉多餘的翻糖。翻糖過厚的部分，稍微用手指抹掉一些，盡量讓整體翻糖均勻一致。用手指抹一下邊緣處，置於砧板上晾乾。

美味香緹鮮奶油
滿載的
「香緹鮮奶油塔」

打入大量空氣，營造輕盈感

香緹鮮奶油有3種。第1種是添加奶油等脂肪，強調濃郁口感的類型。第2種是添加酒精或焦糖以增加香氣的芳香香緹鮮奶油。第3種是飽含大量空氣的類型。這次使用第3種香緹鮮奶油搭配義式蛋白霜製作香緹蛋白霜。

使用乳脂肪含量高的鮮奶油，突顯組成部分的存在感

若要製作突顯香緹鮮奶油美味的甜點，通常會使用乳脂肪含量47％的鮮奶油。雖然是為了增加甜點某個組成部分的濃郁乳香味，但乳脂肪含量高的鮮奶油與其他材料混合在一起時，最需要注意且最困難的就是容易產生油水分離現象。使用香緹蛋白霜的情況下，尤其要注意打發方式、溫度的調整，以及細心混合攪拌。

添加濃縮萊姆汁，香氣更迷人

一般製作香緹鮮奶油塔時，先以類似軟塔皮麵團（Pâte tendre）製作的蛋糕為基底，然後擠上香緹蛋白霜，但本書進一步改良，讓各個組成部分更加突顯且具有整體一致性。在香緹蛋白霜裡添加熬煮的濃縮萊姆汁，不僅去油膩，還可以讓口感更清爽。添加於香緹鮮奶油後再混合義式蛋白霜，有助於讓新鮮萊姆和香醇乳脂兩者互相襯托，也更顯香緹鮮奶油的美好滋味。

軟塔皮麵團

（使用直徑18×高5.5cm圓形模*1／3個分量）

- 奶油*2……112.5g
- 牛奶*2……45g
- 香草莢醬……2g
- 低筋麵粉*3……225g
- 發粉*3……3g
- 杏仁粉*4……50g
- 糖粉……112.5g
- 鹽……1.5g
- 全蛋*5……180g

＊1 於烤模內側塗抹奶油並撒上高筋麵粉（分量外）備用
＊2 倒入鍋裡混合在一起，加熱融化奶油並調溫至30度C
＊3 混合在一起過篩備用
＊4 過篩備用
＊5 打散成蛋液備用

1 將融化的奶油和牛奶倒入料理盆中，添加香草莢醬。

2 先將低筋麵粉、發粉、杏仁粉、糖粉、鹽混拌在一起，然後倒入 *1* 裡面，以橡膠刮刀混拌均勻。

POINT 注意勿攪拌過度，以讓粉類自然吸收水分的感覺攪拌。過度攪拌而產生筋性的話，麵團會變硬。

3 攪拌至成團且沒有麵末狀後（照片左），少量逐次添加全蛋蛋液並以橡膠刮刀混拌均勻。第一次倒入的蛋液混拌均勻後再倒入第二次。一開始先用橡膠刮刀以按壓方式讓蛋液和麵團融合在一起（照片右）。麵團慢慢吸收蛋液後，再以從盆底向上舀起的方式切拌均勻。注意勿攪拌過度。

POINT 全蛋蛋液容易被麵團吸收，攪拌時務必切斷蛋白的蛋筋。若沒有確實做到這一點，麵團會於烤焙過程中「爆走」，底部有氣泡的部分容易向上浮起。

4 混拌後的麵團溫度約24度C。在麵團還具有流動性時，趕快倒入圓形烤模中，每個烤模約倒入230g。將烤模底部在鋪有濕毛巾的平檯上輕敲幾下，讓麵團表面平整。

5 置於冷藏室30分鐘，讓麵團更緊實。

POINT 若不事先冷卻備用，麵團容易於烤焙過程中「爆走」，導致塔皮表面凹凸不平。冷卻至麵粉吸收水分且有點黏糊的狀態。

杏仁奶油餡（3個分量）

- 奶油*1……180g
- 糖粉……180g
- 鹽……1g
- 全蛋*2……144g
- 杏仁粉*3……180g

＊1 融化成髮油狀
＊2 打散成蛋液備用
＊3 過篩備用

1 將糖粉、鹽放入攪拌機的攪拌缸中，安裝扁平攪拌頭並以低速運轉混拌均勻。

2 糖粉完全融解後，將全蛋蛋液分3次添加，每一次都以低速運轉確實拌勻。

3 全蛋混拌均勻後，添加杏仁粉，同樣以低速運轉混拌至沒有粉末狀。

組裝 1・烤焙

1 自冷藏室取出填裝軟塔皮麵團的圓形烤模。將杏仁奶油餡填入裝有口徑15mm圓形花嘴的擠花袋中，每個烤模擠入200g左右的杏仁奶油餡，從中心向外擠成漩渦狀。不必擠得過於密實，留有空隙也沒關係，讓漩渦延續至烤模內壁。

2 放入預熱至180度C的旋風烤箱中，烤焙40分鐘。稍微置涼後再脫模。

濃縮萊姆餡 _(容易製作的分量)

- 萊姆……3顆（萊姆汁約130g）
- 萊姆泥（市售品）……約170g
- 精白砂糖……150g
- 香草莢醬……2.4g

1 萊姆皮削成屑。

2 將 *1* 對半切開，放入榨汁機中榨成130g左右的萊姆汁。加上市售萊姆泥共300g左右。

POINT 為了強調新鮮感覺，使用榨汁機製作新鮮果汁，但100%新鮮原汁的甜味與酸味容易受到季節影響而產生落差，為了保持味道的穩定性，建議搭配市售果泥一起使用。

---

3 鍋裡放入 *2* 和精白砂糖，以中～大火加熱（鍋底整體均勻受熱）熬煮15～20分鐘至溫度達112度C。關火冷卻至室溫。

POINT 熬煮至112度C，整體上色且稍微黏稠的狀態。濃縮萊姆餡以彰顯風味。

---

4 將萊姆皮屑和香草莢醬放入料理盆中，然後注入 *3* 混拌均勻。

香緹蛋白霜 _(1個分量)

- 義式蛋白霜（以下記分量製作，使用40g）
  - 精白砂糖……200g
  - 水……65g
  - 蛋白……100g
- 香緹鮮奶油
  - 鮮奶油（乳脂肪含量47%）＊……120g
  - 精白砂糖……18g
- 濃縮萊姆餡……33g
- ＊ 置於冷藏室裡確實冷卻備用

1 製作義式蛋白霜。鍋裡倒入精白砂糖和水，以大火熬煮至118～119度C。

2 *1* 開始沸騰後，將蛋白倒入攪拌機的攪拌缸中，以中高速運轉打發。體積膨脹且呈白色鬆軟狀後切換成低速運轉，並且將 *1* 沿著攪拌缸內側面緩緩注入。

3 再次切換成中高速運轉，繼續打發。打發至有光澤感且以打蛋頭撈起時尖角挺立，攪拌至大約人體皮膚的溫度。

4 移至料理盆中，以刮板抹平至一定程度，然後放入冷藏室中，確實冷卻至使用之前（5～10度C）。

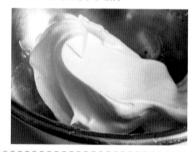

POINT 重點在於確實打發義式蛋白霜至尖角挺立且有一定的硬度。若沒有確實打發，之後和香緹鮮奶油混拌在一起時，不僅口感黏膩，也因為無法保持形狀而破壞外觀。

POINT 義式蛋白霜完成後，確實冷卻至5～10度C。必須讓義式蛋白霜和香緹鮮奶油的溫度差不多，這樣才能混拌均勻，也不容易因為油水分離而破壞口感。

---

5 製作香緹鮮奶油。將鮮奶油和精白砂糖倒入料理盆中，以打蛋器打發。整體呈黏稠狀，以打蛋器撈起時鮮奶油緩緩滴落，而且滴落的堆疊痕跡慢慢消退的狀態（大約7分發）。

POINT 將香緹鮮奶油打發至鬆軟。因為之後添加濃縮萊姆餡時，香緹鮮奶油可能會變得紮實。

6 倒入全部的濃縮萊姆餡，以打蛋器充分混拌均勻。

POINT 為了避免添加濃縮萊姆餡後的香緹鮮奶油變得過於紮實，盡量減少攪拌次數。由於之後添加義式蛋白霜時也需要攪拌，假設在這個步驟中過度攪拌，恐會導致香緹鮮奶油變硬而難以與義式蛋白霜充分混合在一起。另一方面，鮮奶油的乳脂肪含量高，過度攪拌也容易造成油水分離。

7 將義式蛋白霜全部倒入 **6** 裡面，以打蛋器攪拌數次。攪拌後以橡膠刮刀將料理盆內側的餡料聚攏在一起。

POINT 攪拌次數大約5次就好。過度攪拌反而難以混拌均勻，進而使香緹鮮奶油狀態劣化而產生油水分離現象。

組裝2・收尾 (3個分量)

- 柑曼怡香橙干邑甜酒……30g
- 香草糖＊……適量
  ＊ 將用剩的香草莢磨碎，和精白砂糖混合在一起

以「基礎組成部分」為主角

1 用毛刷沾取柑曼怡香橙干邑甜酒，塗抹在內填杏仁餡且烤焙後的軟塔皮麵團上面，每一個塗刷10g左右。

2 接著以抹刀取香緹蛋白霜塗抹在上面。

POINT 表面難免凹凸不平，但還是盡量塗抹得工整些。

3 將香緹蛋白霜填入裝有口徑15mm圓形花嘴的擠花袋中，在 **2** 的上面擠漩渦狀。

4 以抹刀取香緹蛋白霜塗抹在側面，最後撒上香草糖。

美味蛋白霜 的
「船形蛋白霜餅」

融合瑞士蛋白霜與法式蛋白霜的製作方法

船形蛋白餅是來自將蛋白餅中間挖空，然後填入各種不同餡料的創意。高溫烤焙下，蛋白餅內的氣泡膨脹而形成空洞，但繼續加熱會造成表面碎裂，在嘴裡融化的感覺會變差。所以本書將瑞士蛋白霜和法式蛋白霜的製作方法結合在一起。瑞士蛋白霜的製作特色在於先讓砂糖融解後再開始打發。如此一來就能烤焙出質地細膩且口感酥脆的蛋白霜。

製作蛋白霜的空洞，絕對少不了糖漬果粒果醬

用於塗抹塔派基底的糖漬果粒果醬在製作蛋白霜餅的過程中也占有一席重要地位。糖漬果粒果醬於高溫烤焙下沸騰，高溫也同時使蛋白霜產生水蒸氣，氣體進一步將蛋白霜向上推擠並於內部形成空洞，這就是蛋白霜餅內部呈中空的原理。接下來，只要確實將蛋白霜表面烤到堅硬，便能完成表面酥脆，內部濕潤的口感。

製作成塔派，打造迷人芳香與絕佳口感

船形蛋白霜餅的一大特色是在法式甜塔皮和杏仁餡上擠蛋白霜，同時放入烤箱裡加熱烤焙。酥脆口感的蛋白霜中填入充滿卡爾瓦多斯蘋果白蘭地香氣的香緹鮮奶油。作為基底的塔派也因為充滿奶油和杏仁的香醇風味而使口感更加豐富。

法式甜塔皮

（下記食譜為容易製作的分量。完成後取200g使用／10個分量）

- 奶油＊1……450g
- 鹽……4g
- 糖粉＊2……412g
- 全蛋……130g
- 杏仁粉＊2……175g
- 低筋麵粉＊2……787g

＊1 置於室溫下回軟至髮油狀
＊2 各自過篩備用

1 將髮油狀奶油、鹽放入料理盆中，以打蛋器攪拌均勻。

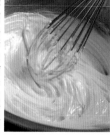

POINT 為了方便攪拌，請先將奶油回軟至髮油狀備用。回軟至打蛋器能夠快速攪拌的狀態最為理想。這也是塔皮烤焙後口感酥脆的訣竅。冬季時可以使用隔水加熱的方式軟化奶油。奶油太硬的話，攪拌至整體柔軟的過程中氣泡容易跑進去。而一旦產生氣泡，口感可能會過硬。但相反的，奶油過度軟化反而易使口感變乾柴。

2 添加糖粉，混拌均勻。

3 混拌至沒有塊狀，將全蛋蛋液分2次添加，每一次都要確實拌勻。

4 整體滑順後添加杏仁粉，以橡膠刮刀攪拌均勻。

5 將沾附在料理盆內側的麵糊刮下來並混拌成團。倒入低筋麵粉，同樣以橡膠刮刀拌勻至看不見粉末狀。以保鮮膜包覆，調整為3cm厚度的正方形，靜置於冷藏室1晚。

糖漬青蘋果果粒果醬 （10個分量）

- 青蘋果（英國布拉姆利蘋果，削皮去核）……130g
- 精白砂糖……78g

1 青蘋果切成6等分，放入料理盆中並撒上精白砂糖。覆蓋保鮮膜並靜置於冷藏室1晚。

2 移至鍋裡並以中火熬煮15分鐘，加熱過程中持續以木鏟攪拌。剩下些許水分時即可關火。

3 再次移回料理盆中，稍微放涼後覆蓋保鮮膜並使其緊密貼合於蘋果，靜置於冷藏室1晚。

杏仁餡 ＊1 （10個分量）

- 奶油＊2……45g
- 糖粉……45g
- 鹽……少量
- 全蛋……36g
- 杏仁粉＊3……45g

＊1 製作方式請參照P.45「香緹鮮奶油塔」
＊2 奶油回軟至髮油狀備用
＊3 過篩備用

組裝 1 （使用長邊11×短邊4.5×高1.5cm的船形烤模）

1 在法式甜塔皮麵團上撒手粉（分量外），以壓麵機或擀麵棍擀成厚度2.5mm的塔皮。取長邊13×短邊6.5cm的葉形壓模壓出葉片形狀，鋪在長邊11×短邊4.5×高1.5cm的船形烤模中。

POINT 確實將麵皮壓入烤模中的邊邊角角，避免空氣跑入烤模與麵皮之間。

2 以水果刀裁掉突出於烤模外的麵皮。

3 將杏仁餡填入裝有口徑15mm圓形花嘴的擠花袋中，在 **2** 上面擠15g的杏仁餡。

4 以湯匙背面在杏仁餡上壓出向內凹的研缽狀。

POINT 讓中間部位向下凹是為了填入果醬。藉由周圍的杏仁餡圍牆，讓烤焙過程中沸騰的果醬滲入法式甜塔皮中，也有助於避免果醬溢出造成邊緣焦黑。

5 每個塔皮內填入15g糖漬青蘋果果粒果醬，以抹刀輕輕抹平表面。

巧克力蛋白霜 <small>（10個分量）</small>

- 蛋白……50g
- 精白砂糖……50g
- 糖粉＊……70g
- 可可粉＊……12g

＊ 各自過篩備用

1 將蛋白和精白砂糖倒入攪拌機的攪拌缸中，安裝打蛋頭並以中速運轉攪打，攪拌至精白砂糖融解。

POINT 像製作糖漿般確實攪拌。確實做好這個步驟能使蛋白霜餅質地滑順且紮實，烤焙後充滿酥脆口感。如果在精白砂糖尚未融解的情況下打發，容易變成沙沙的顆粒口感。

2 精白砂糖融解且有光澤感後，切換成高速運轉，打發至提起打蛋頭時，蛋白霜近乎呈尖角挺立的狀態。

POINT 以打蛋頭撈起時，前端蛋白霜緩緩彎曲的程度。如果打發至尖角挺立的程度，烤焙時表面容易破裂。這項甜點的特色之一是表面呈光滑狀。

3 添加糖粉和可可粉，邊確認狀態邊以手慢慢混拌均勻，小心不要戳破氣泡。

POINT 小心攪拌至沒有粉末狀且有光澤感。這樣才能完成質地細緻的蛋白霜。隨性攪拌只會導致蛋白霜口感變脆硬且粗糙。

組裝 2

1 在組裝1-5上擠大約15g的巧克力蛋白霜，以抹刀調整成山的形狀。

POINT 若填入過多巧克力蛋白霜，容易因為過度膨脹而破壞船形，15g最適合。動作盡量快速確實。不斷觸摸亦使蛋白霜軟化，反而無法順利膨脹。

2 排列在鋪有烘焙墊的烤盤上並置於棚架上晾乾，置於室溫下15分鐘左右，讓表面乾燥且膨脹。

POINT 這個步驟可以使表面不易破裂，能夠漂亮且均勻地膨脹。

3 放入預熱至180度C的烤爐中烤焙45分鐘。稍微置涼後脫模。

蘋果白蘭地香緹鮮奶油

（10個分量）

- 鮮奶油（乳脂肪含量47%）……150g
- 精白砂糖……15g
- 卡爾瓦多斯蘋果白蘭地……15g

1 鮮奶油和精白砂糖倒入料理盆中，將料理盆置於冰水上，以打蛋器打發。

2 打發至能夠作為披覆鮮奶油的硬度（提起打蛋器時，鮮奶油緩緩滴落的7分發），然後添加卡爾瓦多斯蘋果白蘭地。鮮奶油變得柔軟，再稍微攪拌一下恢復至7分發的狀態。

收尾

1 用筷子等在組裝2-3的巧克力蛋白霜與法式甜塔皮之間鑽洞。

2 將蘋果白蘭地香緹鮮奶油填入裝有口徑10mm圓形花嘴的擠花袋裡，然後在1的洞孔裡擠入大約15g的蘋果白蘭地香緹鮮奶油。

巴伐利亞奶油

製作美味的

「巴黎賭場蛋糕」

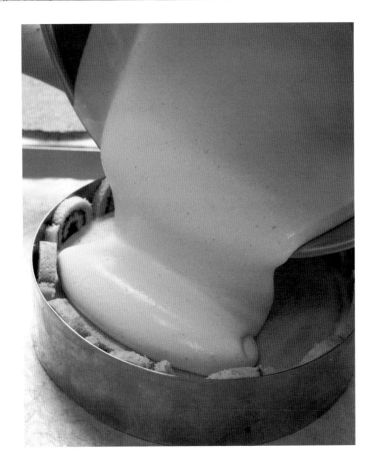

巴伐利亞奶油完美呈現雞蛋與牛奶的鮮美滋味

英式蛋奶醬裡添加鮮奶油，並以明膠凝固的巴伐利亞奶油並不只是單純的蛋糕組裝部分，而是如同香草冰淇淋般能夠單獨享用。由於結合了雞蛋與乳製品的鮮美滋味，作為蛋糕組裝部分使用時，注意不要讓單一素材過於突出。舉例來說，如果使用味道特別濃郁的雞蛋，不僅容易干擾砂糖和乳製品的甜味，甚至會破壞整體味道的平衡。

麵糊裡添加杏仁膏以襯托巴伐利亞奶油的質感

巴黎賭場蛋糕出自「法國雷諾特（LENÔTRE）」的構想，至今仍是榜上有名的法國古典蛋糕。本書遵循基本架構，但以全新的創意重新組裝。以海綿蛋糕搭配杏仁膏，打造即便無法即時享用，也能維持濕潤口感，而且充滿巴伐利亞奶油的滑順質感與濃郁風味。用於塗刷蛋糕體的糖漬果粒果醬中加入紅醋栗，除了增添酸味，也讓整體味道更顯突出。但特別注意，麵體太厚會使巴伐利亞奶油的味道變淡，所以務必維持5mm厚度。

使用酸味強烈的鏡面果膠襯托巴伐利亞奶油

正統的巴黎賭場蛋糕食譜中，表面會塗抹覆盆子鏡面果膠，但本書改用紅醋栗搭配黑醋栗製作鏡面果膠。使用2種酸味強烈的莓果，有助於讓巴伐利亞奶油、櫻桃香甜酒和香草的風味更加明顯且充滿立體感。

杏仁海綿蛋糕 <small>（使用60×40cm烤盤1片分量）</small>

- 生杏仁膏（市售品）＊1……180g
- 蛋黃……50g
- 全蛋＊2……55g
- 糖粉……115g
- 蛋白……145g
- 精白砂糖……55g
- 低筋麵粉＊3……75g
- 奶油＊4……50g

＊1 以微波爐加熱軟化備用
＊2 打散成蛋液備用
＊3 過篩備用
＊4 融化並調溫至35度C備用

1 將軟化的生杏仁膏和蛋黃放入攪拌機的攪拌缸中，裝上扁平攪拌頭，以中速運轉混拌均勻。拌勻後分數次添加全蛋蛋液，邊添加邊攪拌。

2 蛋液混拌均勻後，切換成低速運轉，倒入所有糖粉。再次切換成中～高速運轉，攪拌至整體呈白色。

POINT 添加生杏仁膏後，麵糊容易變重，在這個步驟中要確實攪拌至麵糊飽含空氣，這樣才能製作出入口即化的麵糊。

3 製作蛋白霜。將蛋白和1/3分量的精白砂糖倒入攪拌機的攪拌缸中，裝上打蛋頭並以高速運轉攪拌。打發出體積膨脹且呈白色蓬鬆狀後，倒入剩餘的精白砂糖。繼續打發至有光澤感，以打蛋頭撈起蛋白霜時，尖角挺立且又立即稍微垂下的狀態（照片）。

4 取1/3分量的蛋白霜添加至 **2** 裡面，用手粗略混拌在一起，然後加入低筋麵粉，持續用手以從料理盆底部向上舀起的方式混拌至看不見粉末狀。

POINT 在這個步驟中若沒有確實拌勻且還殘留粉末，之後添加融化奶油時，容易造成奶油和麵粉黏結成塊，所以務必攪拌均勻。使用刮板或橡膠刮刀也可以，但用手攪拌比較能夠確認狀態。

5 取1/3分量的 **4** 倒入裝有軟化奶油的料理盆中，以打蛋器攪拌至整體均勻。接著再倒回 **4** 裡面。

6 添加剩餘的蛋白霜，用刮板以從盆底向上舀取的方式攪拌，小心不要戳破氣泡。注意務必混拌均勻，攪拌至麵糊成團且有光澤感。

7 將 **6** 倒入鋪有烤箱紙的烤盤上，以L型抹刀將麵團攤平，盡量使厚度均勻一致。

8 放入預熱至230度C的烤爐，烤焙10分鐘後，拉開氣門再烤焙1分鐘。

POINT 最後持續開啟氣門讓蒸氣散發。濕氣若一直悶在裡面，好不容易膨脹的麵團會塌陷。

9 出爐後立刻移開烤盤，置於室溫下放涼。

巴黎賭場蛋糕
糖漬果粒果醬（5個分量）

- 紅醋栗泥……40g
- 覆盆子泥……40g
- 水……20g
- 精白砂糖……80g
- 檸檬汁……2g
- LM果膠（低甲氧基果膠）＊……3g

＊ 和部分精白砂糖混拌均勻備用

1 將LM果膠以外的材料放入鍋裡，以中火加熱並以打蛋器攪拌均勻。

2 精白砂糖融解後，加入事先與部分精白砂糖拌勻的LM果膠，加熱過程中偶爾攪拌一下。沸騰後關火。

3 移至料理盆中，覆蓋保鮮膜並使其緊密貼合於表面。靜置冷藏室1晚。

POINT 靜置1晚凝固，使用時再攪拌恢復原狀。恢復成剛煮好的液體狀，有助於滲透至蛋糕體裡。

組裝 1（使用直徑18×高4.5cm的圓形圈模）

1 撕掉烤焙後杏仁海綿蛋糕體的烤箱紙，以烤面朝上的方式橫向擺在砧板上。兩端比較硬的部分，用菜刀切除，然後將蛋糕體分切成2片58×18cm的大小。

2 將1的烤面朝上橫向擺放，以L型抹刀取巴黎賭場蛋糕糖漬果粒果醬（約85g，上記分量的一半）抹在其中1片蛋糕體上，薄薄的均勻塗抹。

3 以靠近自己的這一端為軸心，將蛋糕體向前捲動，注意左右兩側的粗細要一致。由於彈性不如一般蛋糕捲，捲動時表面容易裂開，但不需要過於在意。

4 捲到最後，將接口處朝下並用手調整形狀。以保鮮膜包緊，放入冷凍庫。冷卻至容易分切的硬度（1捲約2.5個分量的蛋糕體）。

5 以直徑18cm的圓形圈模和直徑15cm的圓形圈模在另外1片蛋糕體上壓模。直徑18cm的蛋糕體為底，直徑15cm的蛋糕體為中間夾層。

6 從邊緣將4切成寬5mm的大小。

7 在鐵板上鋪一張烤箱紙，再將直徑18×高4.5cm的圓形圈模擺在上方。將6沿著邊緣鋪在圈模底部，然後再將中間底部鋪滿。

POINT 每一捲的方向一致會更加美觀。

8 將6鋪滿圓形圈模的內側壁，讓每一捲的接口處都朝上。

巴伐利亞奶油（2個分量）

- 蛋黃……110g
- 精白砂糖……66g
- 牛奶……300g
- 香草莢*1……1/4枝
- 片狀明膠*2……14g
- 櫻桃香甜酒（WOLFBERGER的「阿爾薩斯Alsace」）……32g
- 鮮奶油（乳脂肪含量47%）*3……450g

*1 取出香草籽，留下豆莢稍後使用
*2 浸泡冷水膨脹軟化並倒掉多餘的水
*3 放入冷藏室裡冰鎮備用

1 製作英式蛋奶醬。將蛋黃和精白砂糖倒入料理盆中，用打蛋器以摩擦盆底的方式攪拌。

2 鍋裡倒入牛奶和豆莢和香草籽，以大火加熱。

3 2加熱至60～70度C後，以打蛋器邊攪拌，邊將1緩緩注入鍋裡。

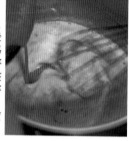

POINT 蛋黃和牛奶混拌後再倒入鍋裡的話，牛奶容易飛濺至鍋壁而煮熟，這時將材料混拌在一起容易造成整體的味道變質。建議直接將蛋黃倒入裝有牛奶的鍋裡。蛋黃比牛奶更具黏度，能使牛奶不易四處飛濺。

4 中火加熱熬煮至82～83度C且呈黏稠狀，加熱過程中持續以橡膠刮刀攪拌，留意不要讓鍋底材料燒焦。

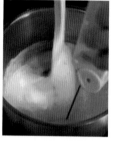

POINT 製作英式蛋奶醬時，利用蛋黃遇熱的凝固力來打造黏稠度。大火加熱容易造成蛋黃先凝固而產生油水分離現象，進而使口感變差。請務以中火邊攪拌邊加熱，在不沸騰的狀態下慢慢熬煮，同時留意不要讓鍋底材料燒焦，加熱至溫度達82～83度C。這樣的製作方式才能使蛋黃、砂糖、牛奶和香草完美融合在一起，讓整體風味更融合。

5 自火爐上移開鍋子，加入浸泡冷水膨脹軟化的片狀明膠並攪拌均勻。拌勻後用錐形篩過濾至料理盆中，這時候順便移除豆莢。

6 稍微放涼後添加櫻桃香甜酒，將料理盆置於冰水上並持續攪拌，讓整體溫度下降至22～23度C。

POINT 確實冷卻至黏稠狀。如果還是流動的液體狀，即便之後添加鮮奶油，整體質感還是過於鬆軟。確實做好每個步驟，才能更加突顯櫻桃香甜酒的風味。

7 使用攪拌機打發鮮奶油。整體體積膨脹後，改用打蛋器打發至軟綿綿有彈性的狀態。大約6分發。

POINT 一般製作蛋糕時，通常是「先將鮮奶油打發至7分發後，再和其他基底材料混合在一起」，但這裡採用的方法是在即將達到7分發的狀態之前就停止。也就是撈起時緩緩流下，滴落時稍微出現堆疊痕跡且慢慢消失的6分發。製作慕斯時，確實打發讓鮮奶油裡的乳脂肪球因外力攪動產生連結，但製作巴伐利亞奶油時的情況則不一樣，不需要用力攪打，而是藉由明膠的力量來固化奶油。用力打發反而會失去入口即化的滑順口感。

8 將6加入7裡面，以打蛋器混拌均勻。最後改用橡膠刮刀以從盆底向上舀起的方式攪拌。請務必攪拌均勻。

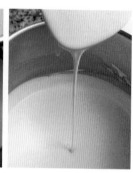
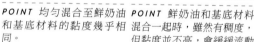

POINT 均勻混合至鮮奶油和基底材料的黏度幾乎相同。

POINT 鮮奶油和基底材料混合一起時，雖然有稠度，但黏度並不高，會緩緩流動的狀態。在這種狀態下倒入烤模中，多花一些時間慢慢凝固，有助於打造烤焙後的滑順口感。假設在沒有黏稠度的液體狀態下倒入烤模，在凝固過程中容易出現油水分離現象，這也是口感變差的原因。但相反的，黏稠度過高的話，奶油冷卻後會使整體因過於紮實而變硬。

組裝 2

1 在組裝1-**8**中倒入巴伐利亞奶油，大約圓形圈模高度的一半。放入急凍庫中讓巴伐利亞奶油表面凝固。

POINT 為了避免之後倒入蛋糕體時出現波浪狀或傾斜現象，先置於急凍庫中讓巴伐利亞奶油凝固。

2 表面凝固後，以烤面朝下的方式將蛋糕體放入圓形圈模中間，用手輕壓調整一下。

3 將剩餘的巴伐利亞奶油倒入圓形圈模中，不要倒到滿，稍微低於圓形圈模的高度。以橡膠刮刀將奶油推開至整個邊緣（確實覆蓋住邊緣的蛋糕體）。

4 以烤面朝下的方式將蛋糕體覆蓋於 **3** 上面，用手輕壓使其緊密貼合。放入冷凍庫冷卻凝固。

以「基礎組成部分」為主角

巴黎賭場蛋糕鏡面果膠

（5〜6個分量）

・水……113g
・紅醋栗泥……56g
・紅醋栗泥……56g
・透明果凍膠……750g

1 將材料全部混拌在一起。

組裝 3

1 從冷凍庫中取出組裝2-**4**，移除圓形圈模，置於放有網架的鐵板上。漩渦面朝上擺放。

2 從頂部澆淋巴黎賭場蛋糕鏡面果膠，以抹刀抹平並刮掉多餘的果膠。

慕斯林奶油醬

製作美味的

「巴黎布雷特斯泡芙」

烤焙後的芳香泡芙皮更加突顯
內含榛果糖的奶油風味

巴黎布雷特斯泡芙是一款模仿自行車車輪形狀的法式傳統甜點，通常會製作成大蛋糕
尺寸，但本書改良為一人份的小蛋糕尺寸。在擠成1人份的麵糊表面撒上脆糖杏仁粒，
再撒些糖粉，透過精心烤焙，完美呈現焦糖的芳香酥脆口感。而酥脆的口感也有助於
襯托濃郁但吃起來輕盈，帶有榛果糖味的慕斯林奶油醬的風味。以同比例分量的卡士
達醬搭配法式奶油霜製作慕斯林奶油醬。

法式泡芙*1

- 脆糖杏仁粒……適量*2

*1 材料和製作方式請參照P.40「咖啡閃電泡芙」
　咖啡閃電泡芙食譜中的分量為30個
*2 材料與製作方式請參照P.17「杏仁奶油蛋糕」

1 將法式泡芙麵糊填入裝有口徑6mm圓形花嘴的擠花袋中，在薄薄塗抹一層奶油（分量外）的烤盤上擠直徑6.5cm的圓圈。

2 以毛刷沾蛋液薄薄塗刷在表面，撒上脆糖杏仁粒又再輕篩一些糖粉在上面。

3 放入預熱至220度C的烤爐中烤焙20分鐘，拉開氣門並繼續烤焙15分鐘。出爐後置於室溫下放涼。

榛果糖慕斯林奶油醬（10個分量）

- 法式奶油霜*1……400g
- 卡士達醬*2……400g
- 杏仁榛果糖（市售品）……160g

*1 材料與製作方式請參照P.16「杏仁奶油蛋糕」
*2 材料與製作方式請參照P.25「聖托佩塔」

1 將法式奶油霜置於室溫下回軟。卡士達醬則先放入冷藏室裡備用，使用時再拿出來。

2 將法式奶油霜放入攪拌機的攪拌缸中，加入杏仁榛果糖，裝上扁平攪拌頭，確實攪拌至飽含空氣。

3 加入卡士達醬混拌均勻。

組裝・收尾

- 糖粉……適量

1 用菜刀以水平入刀方式將法式泡芙分成上下兩半。

2 將榛果慕斯林奶油醬填入裝有6齒星形花嘴的擠花袋中，在下層泡芙皮上面擠96g左右的榛果慕斯林奶油醬。以描繪縱向螺旋的方式繞1圈。

3 覆蓋上層泡芙皮，以濾茶網輕篩糖粉在表面。

品嚐雞蛋 與 牛奶

香甜美味的

「焦糖布丁」

舀取時不變形的硬度，確實感受食材的美味

以香草增添香氣的牛奶，搭配雞蛋和精白砂糖，簡單組合就能製作美味的焦糖布丁。過去曾經以添加鮮奶油的方式增加濃郁感，但現在為了製作成適合小朋友平日食用的甜點零食，刻意只搭配簡單食材，試圖和「法式烤布蕾」（P.92）做出區別。以舀取時會留下湯匙痕跡的硬度為依據，放入口中時，不僅稍具彈性，雞蛋和牛奶的香甜美味也會瞬間在口中散開。另外，針對底部的焦糖醬也十分講究，追求苦味與甜味之間的平衡，讓兩者都不會過於突出。

焦糖布丁

（使用口徑6.5×高5cm‧容量120ml鋁杯／18個分量）

- 牛奶……1300g
- 香草莢醬……稍微多於1/2小匙
- 蛋黃……208g
- 全蛋……156g
- 精白砂糖A……286g
- 精白砂糖B……100g

1 鍋裡倒入牛奶和香草莢醬，大火加熱至沸騰。

2 料理盆中倒入蛋黃、全蛋、精白砂糖A，用打蛋器以摩擦盆底的方式攪拌使精白砂糖融解。將 *1* 分3次倒入料理盆中，每一次務必拌勻後再添加。

3 以錐形篩過篩 *2* 至另外一只料理盆中，將料理盆置於冰水上，冷卻的同時持續攪拌。置涼後緊密覆蓋保鮮膜，靜置冷藏室1晚。

4 製作焦糖醬。鍋裡倒入精白砂糖B，大火加熱熬煮的同時以木鏟持續攪拌。精白砂糖融解，開始冒出細小氣泡且呈茶褐色後（約190度C）關火。

5 取一個稍微有深度的托盤，內裝熱水約3cm高，將口徑6.5×高5cm‧容量120ml的鋁杯排列在托盤裡。將 *4* 均勻注入每一個鋁杯中。

6 接著將 *3* 注入鋁杯中，約9分滿。為避免表面乾燥，置於網架上後蓋上矽膠烘焙墊，然後放入預熱至160度C的烤爐中，在拉開氣門的狀態下，以水浴法烤50分鐘。出爐後稍微放涼，然後靜置於冷藏室中。

以「基礎組成部分」為主角

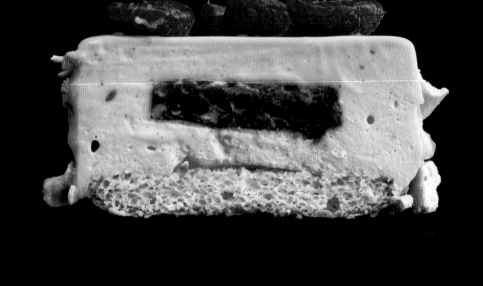

巴伐利亞奶油

製 作 美 味 的

「開心果覆盆子蛋糕」

酸甜酸甜的果凍
讓充滿濃郁蛋黃美味的巴伐利亞奶油更紮實

略帶黏稠口感的開心果和黏糊質地的巴伐利亞奶油堪稱絕配。在混合2種開心果醬的巴伐利亞奶油中添加使用新鮮草莓和覆盆子製作的果凍,然後披覆內含自製白巧克力的淋醬。為了確實突顯雞蛋美味,製作巴伐利亞奶油時,刻意增加蛋黃使用量。而為了避免蛋糕體的麵糊過於搶眼,選擇使用手指餅乾作為基底。在淋醬裡添加開心果,讓味道與口感更具立體感。

手指餅乾 （60個分量）

- 蛋白……90g
- 精白砂糖……90g
- 蛋黃……60g
- 低筋麵粉＊……80g
- 糖粉……適量
- ＊ 過篩備用

1 將蛋白和1/2分量的精白砂糖放入攪拌機的攪拌缸中，裝上打蛋頭並以中速運轉打發。

2 打發至體積膨脹、呈白色膨鬆狀且留有打蛋頭痕跡後，將剩餘的精白砂糖分2次倒進去。

3 攪拌機切換至高速運轉，打發至表面有光澤感且快要尖角挺立的程度。差不多是提起打蛋頭時，前端蛋白霜稍微彎曲的程度。

4 取1/4分量的 **3**，放入裝有蛋黃的料理盆中，以打蛋器混拌均勻。

5 攪拌至滑順液體狀後，再倒回 **3** 裡面。

6 添加過篩後的低筋麵粉，使用刮板以從盆底向上舀起的方式切拌混合在一起。攪拌至沒有粉末狀且表面有光澤感。

7 將 **6** 填入裝有口徑8mm圓形花嘴的擠花袋中，在鋪有烤箱紙的烤盤上擠直徑6mm的圓形（從中間向外擠出漩渦狀）。以濾茶網等在全部麵糊上薄薄撒2次糖粉。

8 放入預熱至200度C且拉開氣門的烤爐中烤焙12分鐘。出爐後置於室溫下放涼。

覆盆子果凍

（使用直徑4.5×深度2.4cm的48孔矽膠模／48個分量）

- 覆盆子……200g
- 草莓＊1……320g
- 精白砂糖＊2……100g
- LM果膠＊2……8.4g
- ＊1 去蒂切小塊備用
- ＊2 充分混拌均勻備用

1 鍋裡放入覆盆子和草莓，以小火加熱，倒入事前混合好的精白砂糖和LM果膠，以橡膠刮刀混拌均勻。

2 精白砂糖融解且開始出水後，切換成中火。沸騰後關火，平均注入直徑4.5×深度2.4cm的48孔矽膠模中，放入冷凍庫冷卻凝固。

開心果巴伐利亞奶油 （48個分量）

- 蛋黃……304g
- 精白砂糖……191g
- 牛奶……771g
- 開心果醬（西西里島勃朗特產，烘焙過）＊1……76g
- 開心果醬（伊朗產，生開心果）＊1……76g
- 片狀明膠＊2……33g
- 鮮奶油（乳脂肪含量47%）＊3……481g
- 鮮奶油（乳脂肪含量38%）＊3……481g
- ＊1 混合在一起備用
- ＊2 浸泡冷水膨脹軟化並倒掉多餘的水
- ＊3 放入冷藏室裡冷卻備用

以「基礎組成部分」為主角

1 製作英式蛋奶醬。料理盆中倒入蛋黃和精白砂糖，用打蛋器以摩擦盆底的方式攪拌均勻。

2 鍋裡倒入牛奶，大火加熱熬煮至60～70度C後，邊以打蛋器攪拌邊緩緩倒入 **1** 裡面。

3 轉為中火，以橡膠刮刀攪拌並加熱至82～83度C，熬煮至有點黏稠。

4 關火，然後以錐形篩過濾至裝有2種開心果醬的料理盆中，混拌均勻。放入事先浸泡冷水膨脹軟化的片狀明膠，同樣攪拌均勻。將料理盆置於冰水上，攪拌讓溫度下降至22～23度C。

5 **4** 英式蛋奶醬冷卻期間，將2種鮮奶油倒入攪拌機的攪拌缸中，打發至7分發。使用之前先暫時放入冷藏室裡。

6 英式蛋奶醬降溫至適當溫度後，自冰水中移開料理盆。從冷藏室取出事先冷卻備用的鮮奶油，以打蛋器打發成9分發的純打發鮮奶油（Crème fouettée）。

7 取1/4分量的純打發鮮奶油加入英式蛋奶醬中，以打蛋器混拌在一起。大致混合後，分2次倒回裝有純打發鮮奶油的料理盆中，每一次都要攪拌均勻。最後改用橡膠刮刀，以從盆底向上舀起的方式混拌均勻。

組裝 （使用直徑6.5×高3cm的圓形圈模）

1 將直徑6.5×高3cm的圓形圈模置於鋪有烤箱紙的鐵板上。

2 將食材依顛倒順序填裝至圈模裡。將開心果巴伐利亞奶油填入裝有口徑15mm圓形花嘴的擠花袋中，擠入圓形圈模中，約圈模高度的8分滿。

3 覆盆子果凍脫模，然後壓入 **2** 的巴伐利亞奶油中。

4 將手指餅乾以烤面朝下的方式擺在 **3** 上面。放入冷凍庫裡冷卻凝固。

開心果鏡面淋醬 （容易製作的分量）

- 牛奶……500g
- 水飴……50g
- 白巧克力（自製）＊1……500g
- 糖漿（30度波美糖漿）……100g
- 片狀明膠＊2……12.5g
- A ・透明果凍膠……335g
  - ・開心果醬（伊朗產，生開心果）……200g
  - ・開心果（切細碎）……50g
  - ・檸檬汁……50g

＊1 融化備用
＊2 浸泡冷水膨脹軟化並倒掉多餘的水
A 混合拌勻備用

1 鍋裡倒入牛奶和水飴，以中火加熱至沸騰。

2 將 1 倒入裝有融化白巧克力的料理盆中，以橡膠刮刀充分攪拌均勻，製作成甘納許巧克力醬。

3 鍋裡倒入糖漿，加熱至沸騰。關火後加入瀝乾水氣的片狀明膠，混拌至溶解且均勻。

4 將 3 倒入 2 裡面，再加入事先混合備用的 A，全部攪拌均勻。拌勻後以錐形篩過濾至另外一只料理盆中。緊密覆蓋保鮮膜，靜置於冷藏室1晚。

瑞士蛋白霜 （容易製作的分量）

- 蛋白……100g
- 精白砂糖……200g
- 糖粉＊……40g
- 玉米澱粉＊……20g

＊ 混合在一起過篩備用

1 將蛋白和精白砂糖倒入攪拌機的攪拌缸中，以打蛋器攪拌的同時，以中火加熱至60度C。

2 將 1 安裝至攪拌機上，裝上打蛋頭並以中速運轉攪拌。攪拌至整體有光澤感，以打蛋頭撈起時，蛋白霜形成尖角且稍微下垂的狀態就完成了。

3 加入事先過篩備用的糖粉和玉米澱粉，以橡膠刮刀大致混拌在一起。

4 填入裝有口徑7mm圓形花嘴的擠花袋中，在鋪有烤箱紙的烤盤上擠長度約5cm的長條狀。

5 放入預熱至140度C且拉開氣門的烤爐中烤焙30分鐘。關掉烤爐電源，利用餘溫乾燥1晚。

收尾 （10個分量）

- 覆盆子……15個

1 以隔水加熱方式融化開心果鏡面淋醬，並以手持電動攪拌棒攪打使其乳化，攪拌至滑順且有光澤感的程度。

2 自冷凍庫取出組裝-4，用瓦斯噴火槍加熱圓形圈模側面幫助脫模。以手指餅乾在下層的方式擺在金屬網架上。

3 開心果鏡面淋醬調溫至40度C，從 2 的上方澆淋。

4 側面塗抹瑞士蛋白霜，頂部撒些對半切開的覆盆子作為裝飾。

3

享用迷人香氣的甜點

散發淺焙咖啡豆

芬芳香氣的

「咖啡杏仁奶凍」

充滿咖啡香氣，但依然保有原來的色彩

杏仁和咖啡堪稱絕配，所以過去我經常製作杏仁奶凍搭配咖啡果凍的甜點。雖然吃起來水嫩又清爽，但我一直想要製作更具深度與整體感的成品，於是我嘗試改良讓杏仁奶凍中充滿咖啡香氣。而唯一的堅持就是保留杏仁奶凍的顏色，不因為添加咖啡而變成褐色，只從咖啡豆中萃取香氣與風味。透過先將咖啡豆浸泡在牛奶1個晚上，隔天再稍微加熱的這個方式，讓我的堅持得以實現。外觀又雪白又柔嫩，但放入口中後，杏仁味裡帶有微微苦澀的咖啡風味，不同層次的美味令人深感驚艷。

使用宏都拉斯產淺焙咖啡豆

咖啡豆的種類與烘焙程度依製作的甜點而有所不同。製作咖啡杏仁奶凍時，選擇宏都拉斯產的淺焙咖啡豆。咖啡豆充滿果乾的甜味與香氣，再加上淺度烘焙後特有的水果酸味，整體風味更顯芬芳華麗。

添加去皮生杏仁，襯托咖啡香氣

使用熱水去皮的生杏仁製作杏仁奶凍。去除外皮的杏仁，味道更為優雅溫和，也更加能夠襯托咖啡的細膩香氣。除此之外，杏仁所含的油脂也有助於提升咖啡香氣，另外搭配澆淋在表面的英式蛋奶醬，不僅濃郁，也更具層次感。

咖啡杏仁奶凍

（使用直徑5.5×高5cm圓形圈模*1／14個分量）

- 帶皮杏仁（西班牙產馬爾科納生杏仁）……40g
- 牛奶*2……520g
- 咖啡豆（宏都拉斯產，淺焙）*2……66g
- 片狀明膠*3……10g
- 杏仁香甜酒……2g
- 鮮奶油（乳脂肪含量47％）……400g
- 精白砂糖……104g

＊1 將圓形圈模快速浸水，在單側黏貼裁切成正方形的保鮮膜作為底部。排列於鋪有烤箱紙的鐵板上備用。

＊2 混合於料理盆中，置於冷藏室1晚。務必留意，浸泡超過1晚以上，牛奶會逐漸變成咖啡豆的顏色。

＊3 浸泡冷水膨脹軟化並倒掉多餘的水。

1 鍋裡倒入熱水（分量外）煮沸，放入杏仁稍微滾燙一下。外皮變鬆軟時，用錐形篩撈起來瀝乾。以拇指和食指輕壓杏仁果仁以去除外皮。

2 用菜刀切粗碎。

POINT 切碎後比較容易萃取香氣。

3 將牛奶和咖啡豆倒入鍋裡，加熱至50度C。關火後以錐形篩過濾至料理盆中，移除咖啡豆。

POINT 將咖啡豆浸泡在牛奶裡1晚，牛奶的乳脂肪會在咖啡豆表面形成一層薄膜。加熱融解薄膜後，咖啡豆的香氣進一步轉移至牛奶中。但請務必注意，一旦加熱溫度超過50度C，咖啡豆色素會逐漸融解於牛奶中，導致牛奶變成褐色。

4 將 **3** 倒回鍋裡，添加 **2** 後以手持電動攪拌機搗碎杏仁。

POINT 這個步驟是為了讓香氣更容易散發出來。

5 中火慢慢熬煮至沸騰。若以大火加熱，鍋具內側壁容易燒焦。沸騰後關火並蓋上鍋蓋，靜置10分鐘以萃取杏仁香氣。

6 趁 **5** 還溫熱時，加入確實瀝乾水氣的片狀明膠。趁熱處理比較有利於明膠溶解於牛奶中。

7 以錐形篩過濾至料理盆中。過濾時用橡膠刮刀用力壓碎杏仁，確實保留杏仁的風味與香氣。

8 將料理盆置於冰水上，以橡膠刮刀混拌至黏稠狀。

9 不再有蒸氣冒出時（約35度C），添加杏仁香甜酒。

10 將鮮奶油和精白砂糖倒入料理盆中，以打蛋器打發。打發至提起打蛋器時，奶油緩緩滴落且滴落後的堆疊痕跡迅速消失的5分發狀態。先放入冷藏室裡冷卻備用。

11 **9** 的表面凝固且整體能夠搖搖晃晃後（溫度約12～13度C），自冰水中拿起料理盆，再次以打蛋器均勻攪拌。

12 自冷藏室中取出 *10*，加入 *11* 後以打蛋器混拌均勻。

POINT 牛奶和鮮奶油的黏度（黏稠程度）一致的話，混拌後會比較均勻且漂亮。

13 倒入自動漏斗填餡器中，注入準備好的圓形圈模中，約8分滿的程度。放入冷藏室裡冷卻凝固。

英式蛋奶醬（容易製作的分量）

- 蛋黃⋯⋯110g
- 精白砂糖⋯⋯66g
- 牛奶⋯⋯300g
- 香草莢＊⋯⋯1/4枝
- 蘭姆酒⋯⋯15g

＊ 取出香草籽，留下豆莢稍後使用

1 將蛋黃和精白砂糖倒入料理盆中，用打蛋器以摩擦盆底的方式攪拌。稍微攪拌即可。

2 鍋裡倒入牛奶和香草籽、豆莢，大火加熱至沸騰前關火，邊以打蛋器攪拌，邊慢慢將 *1* 倒入鍋裡。小心不要讓滾燙的牛奶飛濺出來。

3 以打蛋器攪拌，並以中火熬煮至有黏稠度，大約82～83度C。小心不要讓鍋底的材料燒焦。

4 關火並以錐形篩過濾至料理盆中，順便移除豆莢。將料理盆置於冰水上，以橡膠刮刀輕輕混拌均勻。不再冒出蒸氣後，倒入蘭姆酒，讓溫度降至22～23度C。自冰水中取出料理盆，覆蓋保鮮膜並放入冷藏室裡。

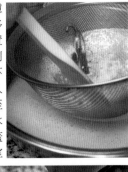

收尾

1 撕掉黏貼在杏仁奶凍底部的保鮮膜，用瓦斯噴火槍加熱圓形圈模側面幫助脫模，放在盤子上或容器中。

2 澆淋英式蛋奶醬，大約15g。

焦糖提升辛香料和

堅果香氣的

「焦糖香料塔」

水果「微醃漬」，突顯辛香料風味

醃漬在酒裡的果乾是製作英式水果磅蛋糕等常溫甜點的主要素材之一。嘗試將這種素材活用在生菓子中，搭配堅果製作成充滿焦糖風味的水果塔。使用果乾、堅果櫻桃香甜酒和醃漬於香料中的辛香果乾等製作的磅蛋糕，通常需要2個多月的時間才能讓味道完全滲透至蛋糕體中，但製作成水果塔的話，只需要短短1個星期。正因為如此，更能突顯出素材的個性化。

以濃郁的焦糖包覆辛香果乾，整體味道更一致

先以鮮奶油和奶油製作濃郁焦糖醬包覆辛香果乾，再放入盲烤的法式甜塔皮裡。務必注意塔皮太薄容易破裂，建議塔皮厚度至少要有3mm。塔皮的烘焙香氣和濃郁的焦糖美味將果乾、堅果、香料的獨特個性全部融合成一體。

巧克力奶油醬讓常溫甜點變身小蛋糕

有感於將常溫甜點的素材活用到小蛋糕上應該很有趣，因此才有這款焦糖香料塔的誕生。在包裹焦糖的辛香果乾上擠一些入口即化的巧克力奶油醬，瞬間從常溫甜點變身為需要冷藏的小蛋糕。分量雖小，卻也有十分的滿足感，為了讓整體味道更勻稱，刻意使用小一點的塔模製作。

法式甜塔皮＊

（使用直徑7×高1.2cm塔模）

- 塗刷蛋液（蛋黃）……適量

＊ 塔皮材料和製作方式請參照P.50「船形蛋白霜餅」。「容易製作的分量」78個分量

1 在法式甜塔皮麵團上撒手粉（分量外）的同時，以壓麵機擀成3mm厚的塔皮。由於塔模較淺且側面傾斜，烤焙時容易回縮，所以烤焙前事先使用打孔滾輪在塔皮上輕輕打孔洞。以直徑9cm的圓形壓模壓出圓形塔皮，然後鋪於直徑7×高1.2cm的塔模中。再以抹刀或刮板裁掉突出於塔模邊緣的塔皮。裁切時朝塔模外側向下斜切。排列於鋪有烤箱紙的鐵板上，置於冷凍庫20分鐘使塔皮變硬。

2 排列在烤盤上，每個塔皮裡擺放一個蛋糕杯，蛋糕杯裡放滿烘焙石。放入預熱至180度C且拉開氣門的旋風烤箱中烤焙25分鐘。移除蛋糕杯和烘焙石，脫膜後烤焙10分鐘至上色。

POINT 為避免填入水分含量多的餡料後過於潮濕，務必烤焙至乾燥且上色。

3 以毛刷沾取塗刷蛋液細心塗抹在整個塔皮內側。放入預熱至180度C且拉開氣門的旋風烤箱中再烤焙4～5分鐘，讓蛋液完全熟透。

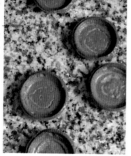

POINT 蛋液如果沒有完全乾燥熟透，塗刷蛋液的部分會於冷卻後變軟，甚至出現蛋腥味。

辛香果乾（容易製作的分量）

- 無花果乾……250g
- 杏桃乾……250g
- 西洋梨果乾……250g
- 黑棗乾……250g
- 櫻桃香甜酒……375g
- 葡萄乾……188g
- 帶皮杏仁（生）……125g
- 帶皮核桃（生）……125g
- A・香料麵包用的香料……27.5g
  ・精白砂糖……125g
  ・肉桂……12.5g

1 用剪刀將無花果乾、杏桃乾、西洋梨果乾剪成一口大小。然後和黑棗乾、櫻桃香甜酒混合在一起，以智慧烹調攪拌機攪拌成泥狀。

2 料理盆裡倒入1和葡萄乾、杏仁、核桃、混合在一起的A，以刮板混拌均勻。覆蓋保鮮膜並使其緊密貼合於表面，置於冷藏室1個星期確實入味。

焦糖奶油香料（50個分量）

- 辛香果乾……700g
- 鮮奶油（乳脂肪含量38%）……200g
- 牛奶……50g
- 奶油……150g
- 精白砂糖……300g
- 蜂蜜……100g

1 用菜刀將淹漬1個星期的辛香果乾切細碎，放入料理盆中。

2 鍋裡倒入鮮奶油、牛奶、奶油混合在一起，以中火加熱至沸騰。

3 取另外一只鍋子，倒入精白砂糖和蜂蜜混合在一起，以中～大火熬煮。整體呈褐色且開始冒煙，大約180度C時關火，將2注入裡面，以打蛋器攪拌均勻。

4 再次以中～大火加熱至沸騰，整體均勻的狀態。

POINT 一旦熬煮過頭，焦糖會於冷卻後變硬，放入冷藏展示櫃時，口感會逐漸變差。因此特別留意，絕對不要熬煮至超過180度C。

5 將 4 注入 1 裡面，以橡膠刮刀混拌至整體均勻。

6 將 5 填入盲烤的法式塔皮中，每個約25g。盡量填平，方便之後擠入巧克力奶油醬。放入冷藏室裡冷卻凝固。

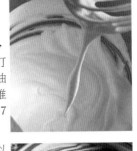

4 取另外一只料理盆，倒入鮮奶油B，以打蛋器打發至撈起奶油時奶油緩緩滴落且堆疊痕跡慢慢消失的7分發。

5 將 4 加入 3 裡面，以橡膠刮刀混拌至整體均勻。覆蓋保鮮膜並使其緊密貼合於表面，置於冷藏室1晚。

巧克力奶油醬（75個分量）

- 蛋黃……60g
- 精白砂糖……45g
- 香草莢醬……6g
- 牛奶……150g
- 鮮奶油A（乳脂肪含量38%）……150g
- 黑巧克力（可可含量71%）*……375g
- 轉化糖漿*……30g
- 鮮奶油B（乳脂肪含量38%）……555g
- ＊混合融解在一起

1 料理盆裡倒入蛋黃、精白砂糖、香草莢醬，用打蛋器以摩擦盆底的方式攪拌至泛白。

2 鍋裡倒入牛奶和鮮奶油A，加熱至沸騰後，注入 1 裡面並以打蛋器攪拌至混合在一起。倒回鍋裡並以中火加熱，用橡膠刮刀不斷攪拌，直到溫度達82度C且呈黏稠狀。

3 關火，將事先混合在一起的黑巧克力和轉化糖漿注入料理盆中，以橡膠刮刀混拌在一起。將料理盆置於冰水上，持續攪拌到溫度下降至40度C。

組裝・收尾

- 自製淋面巧克力醬（80個份量）
- 黑巧克力（可可含量71%）……240g
- 沙拉油……12g
- 可可粉……適量

1 以刮板攪拌巧克力奶油醬，使其恢復至容易擠花的硬度。

2 填入裝有口徑8mm圓形花嘴的擠花袋中，在焦糖奶油香料的 6 上面，從中間向外擠出漩渦狀。放入冷凍庫中冷卻凝固。

3 製作自製淋面巧克力醬。將材料放入料理盆中，以微波爐或隔水加熱方式融化拌勻並調溫至31度C。

4 以 2 表面的巧克力奶油醬朝下的方式浸在 3 裡面，慢慢向上提起，輕輕搖晃以甩掉多餘的淋面巧克力醬。用手指抹去垂落的巧克力醬，然後靜置於工作檯上。

5 以濾茶網在 4 表面撒可可粉。

以「咀嚼米粒＝散發香氣」
為主軸，精心調製
「加泰隆尼亞焦糖米布丁」

將米粒噗滋噗滋的咬感融入濃郁奶油中

米布丁充滿義式燉飯的奶香味，讓人吃了有種全身放鬆的感覺，基於想將這種美味製作成小蛋糕，嘗試將源自西班牙加泰隆尼亞的甜點加泰隆尼亞焦糖布丁和米布丁結合在一起。冷卻凝固後和輕盈的奶油搭配在一起時，米粒會下沉至底部形成一層米布丁，然後再結合加泰隆尼亞焦糖布丁（蛋液混合麵粉加以烤焙），一顆顆米粒散落於奶油中，除了布丁口感，還能享受噗滋噗滋的有趣咬感。

使用秈米。控制火候以避免產生黏性

使用佐賀縣生產的秈米。秈米若煮得太熟，容易產生黏性，進而和奶油同化在一起，這樣會導致米粒的噗滋噗滋咬感和風味變得較不明顯。所以這道甜點能否成功，關鍵在於煮米時的火候控制。

糖漬香橙和甜白酒增添風味與香氣

米布丁搭配自製糖漬香橙和甜白酒。這個想法來自加泰隆尼亞焦糖布丁以橙皮等增添香氣的製作方式。這裡改用糖漬法，為的是增加黏稠口感，也為了咀嚼時口中能夠充滿柑橙的清爽甜味與香氣。白酒方面，使用貴腐甜白酒，其獨特的芳香與甘甜令人留下深刻印象。

米布丁

（使用口徑6.5×高5cm、容量120ml的鋁杯／15個分量）

- 澄清無水奶油*……5g
- 米（秈米・佐賀縣產SHUTAKA）……65g
- 鹽……1g
- 牛奶……600g
- 精白砂糖……70g

* 奶油融化後再次冷卻凝固，只取上層清澈部分使用

1 將澄清無水奶油倒入鍋裡，以大火加熱。放入米和鹽，以木鏟翻炒至米粒出現光澤感且稍微透明。使用直徑18×深11cm的鍋子。

POINT 由於使用一般奶油容易燒焦，所以改用高溫加熱也不易焦黑的澄清無水奶油。

POINT 洗米沾濕米粒的話，容易因為吸水而產生黏性。所以不事先洗米，而是直接以奶油翻炒，利用奶油包覆米粒的方式避免米粒吸收過多水分。

2 取另外一只鍋子，放入牛奶和精白砂糖，以中火加熱。精白砂糖融解後注入 *1* 裡面，以小～中火加熱並經常攪拌一下將米煮熟。

POINT 若不經常攪拌一下，米粒會黏在一起而變硬。但攪拌過度反而容易造成米粒破裂而變黏。請用木鏟像刮鍋底般輕輕翻攪。

POINT 控制火候讓鍋裡的液體隨時保持咕嘟咕嘟稍微沸騰的狀態。火力過強會使牛奶太早沸騰而導致水分來不及充分滲透至米粒中；反之，火候太弱又會使米粒因吸收過多水分而變軟，進而產生黏性。

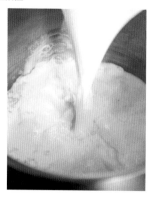

3 烹煮時間大約是沸騰後再煮28分鐘左右（若使用其他種類的米，則視情況加以調整）。照片中為加熱20分鐘左右的狀態。牛奶已煮熟，砂糖也確實滲透。以手指確認米粒狀態，太軟太硬時都要趕緊調整火候大小。

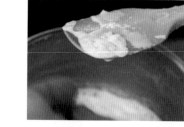

4 時間又經過3分鐘左右的狀態。牛奶表面形成厚厚一層膜。在這個時間點，牛奶的水分和砂糖的糖分已經確實滲透至米粒中，這時發現水分過多，多半已經無法再加以調整，請務必於上個步驟中（加熱20分鐘左右時）進行確認。

5 加熱28分鐘的狀態。牛奶繼續熬煮，米粒漸漸從液體表面冒出頭。試吃一下，米粒外軟且中間稍硬的有嚼勁程度就完成了。移至料理盆中。

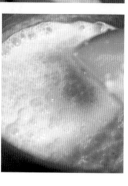

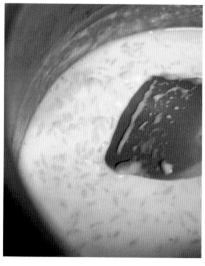

6 稍微置涼，覆蓋保鮮膜並使其緊密貼合於表面，置於冷藏室1晚。

POINT 稍後製作的加泰隆尼亞焦糖布丁也靜置於冷藏室1晚備用。冷卻溫度不一致的話，無法烤焙出均勻美麗的成品。

加泰隆尼亞焦糖布丁 (15個分量)

- 蛋黃……120g
- 精白砂糖……70g
- 玉米澱粉……16g
- 鮮奶油（乳脂肪含量38%）……350g
- 牛奶……300g

1 將蛋黃和精白砂糖倒入料理盆中，用打蛋器以摩擦盆底的方式攪拌。

2 精白砂糖溶解後，倒入玉米澱粉混拌均勻。

POINT 由於不像卡士達醬會熬煮至完全看不見粉末狀，這裡若使用小麥麵粉，容易殘留粉末顆粒，因此改用玉米澱粉。

3 鍋裡倒入鮮奶油和牛奶，大火加熱至沸騰後注入 *2* 裡面，快速攪拌均勻。

POINT 確實煮至沸騰，並於沸騰後立即注入蛋黃裡，這一點很重要。蛋黃遇熱會呈現黏稠感，在這個步驟中先讓蛋黃稍微有黏稠度，有助於之後放入烤箱烤焙時，蛋黃的凝固狀態會更好，米布丁的米粒也才不會沉入底部，而是散落於奶油中。如果沒有充分沸騰，或者沸騰後沒有立即倒入蛋黃裡，只要稍微降溫個5～6度C，就會造成蛋黃的黏稠度消失。

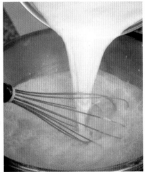

4 為了立即降溫而移至另外一只料理盆中，並將料理盆置於冰水上。稍微置涼後，覆蓋保鮮膜並使其緊密貼合於表面，置於冷藏室1晚。

POINT 置於冷藏室1晚有助於脂肪球的穩定，不僅讓材料完美結合在一起，即使之後高溫加熱，也不容易因為液體四處飛濺而影響均勻受熱。

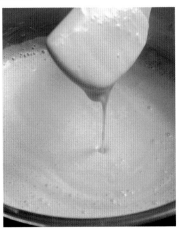

組裝・烤焙 (15個分量)

- 自製糖漬香橙＊……60g
- 甜白酒（「Chateau Petit Guiraud 2009」
  法國・波爾多・蘇玳產區）……35g
- 原味優格……100g

＊ 自製糖漬香橙的製作方法

1 將切半且去除果肉的香橙皮以煮沸熱水汆燙30分鐘，去除澀味。以過濾篩網撈起來，將橙皮內側的白色棉絮狀部分去除乾淨並瀝乾。

2 將水和精白砂糖以2：1的比例倒入鍋裡，加熱製作糖漿。砂糖融解且沸騰後關火，將1倒進來（糖漿分量約蓋食材稍微冒出頭的程度）。覆蓋烤箱紙並置於冷藏室1晚。

3 隔天取出橙皮，僅加熱糖漿，沸騰後關火。將橙皮倒回鍋裡，同樣覆蓋烤箱紙後放入冷藏室。隔天同樣取出橙皮，加熱糖漿至沸騰，然後適量補足精白砂糖，加熱融解並於沸騰後關火，覆蓋烤箱紙後放入冷藏室1晚。每隔1天補一次精白砂糖以提高糖度，持續進行3個星期。每天重複同樣步驟，直到糖度達65%Brix。糖度提升後可置於常溫下保存，但最初幾次建議放入冷藏室裡保存。

4 達到目標糖度後，添加水貽混合在一起（10顆香橙的情況下，添加100～120g）。

1 將糖漬香橙切細碎並放入料理盆中，倒入甜白酒，以橡膠刮刀混拌均勻。

2 自冷藏室取出米布丁，倒入添加甜白酒的 *1*，以橡膠刮刀輕輕攪拌，但注意不要壓碎米粒。攪拌至整體散布糖漬香橙。

3 自冷藏室取出加泰隆尼亞焦糖布丁，將 *2* 倒進去，然後加入原味優格，以橡膠刮刀混拌至整體均勻的狀態。

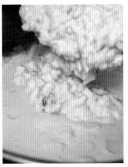

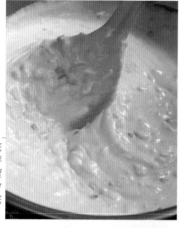

POINT 混拌完成的狀態。攪拌至這種黏稠程度，米粒就不會於烤焙時沉入底部。

4 用湯杓將 3 倒入口徑6.5×高5cm，容量120ml的鋁杯中，每個大約100g。

5 排列於鋪有布巾的托盤上，在托盤裡注入熱水，約1.5cm高。上面覆蓋烤網和矽膠烘焙墊（避免表面先遇熱而變硬）。放入預熱至160度C的烤爐蒸烤38分鐘。

POINT 確認是否烤熟時，只要輕輕搖晃鋁杯，表面整體朝同一個方向搖晃就OK了。內部也呈Q彈搖晃的狀態。

6 稍微置涼後，放入冷藏室裡冷卻。

收尾

· 紅糖……適量

1 於表面均勻撒上紅糖，再以瓦斯噴火槍炙燒使其焦糖化。

充滿柑橙新鮮清香與
火烤加熱後芳香的
「梅森果泥塔」

以烹煮新鮮果汁的概念進行加熱殺菌

在盲烤的法式甜塔皮裡填入自製季節性水果果泥的水果塔,是我在法國修業期間最常經手的甜點之一。為了讓果泥味道更鮮美,在這裡向大家介紹梅森果泥的製作方法。製作訣竅在於熬煮汁液。熬煮水果時,小火容易造成風味散發而失去新鮮度,所以一開始就要將火候控制在大火。將水果熬煮出汁,混合精白砂糖後繼續熬煮成濃郁的果汁。隨著加熱的汁液再次被煮軟的水果吸收,整體風味變得更加濃厚。看似消失的果汁也會再次回到水果中,這樣便能完成兼具水嫩與高濃度風味的果泥。

柳橙與蘋果二種酸味互相撞擊,
打造深具層次感的酸甜風味

梅森果泥的主角是柳橙。為了加重酸味與香氣,搭配檸檬一起使用,但也另外添加蘋果,用於打造濃郁感,也擴增味道的豐富性。蘋果的「微酸」搭配柳橙的「高濃酸」,透過加熱使二種酸味互相撞擊,讓水果酸味更複雜且豐富,也讓柳橙的濃縮果實味更加紮實且具有層次感。

法式甜塔皮*

（使用直徑7.5×高1.7cm的塔圈烤模）

- 塗刷蛋液（蛋黃）……適量

* 塔皮材料和製作方式請參照P50「船形蛋白霜餅」。
「容易製作的分量」70個分量。

1 在法式甜塔皮麵團上撒手粉（分量外）的同時，
以壓麵機擀成2.5mm厚的塔皮。以直徑10cm的
圓形壓模壓出圓形塔皮，然後鋪於直徑7.5×高
1.7cm塔圈烤模中。以抹刀或刮板裁掉突出塔圈
邊緣的塔皮。裁切時朝塔圈外側向下斜切。排列
於鋪有烤箱紙的鐵板上，置於冷凍庫20分鐘使塔
皮變硬。

2 排列於烤盤上，每個塔皮裡擺放一個蛋糕杯，蛋
糕杯裡放滿烘焙石。放入預熱至180度C且拉開
氣門的旋風烤箱中烤焙25分鐘。移除蛋糕杯和烘
焙石，脫膜後烤焙10分鐘至上色。

POINT 為避免填入水分含量多的餡料後過於潮濕，務必
烤焙至乾燥且上色。

3 以毛刷取蛋液塗抹在塔皮內側。放入預熱至180
度C且拉開氣門的旋風烤箱中再烤焙4～5分鐘，
讓蛋液完全熟透。

POINT 蛋液若沒有
完全乾燥熟透，塗刷
蛋液的部分會於冷卻
後變軟，甚至出現蛋
腥味。

梅森果泥（20個分量）

- 柳橙……5顆
- 檸檬……1顆
- 蘋果（紅玉）……2顆
- 精白砂糖*1……94g
- LM果膠*1……6.6g
- 奶油*2……47g
- 柑曼怡香橙干邑甜酒*3……9.4g

*1 充分混合均勻，精白砂糖用量為水果果肉加果汁總重量的10%
*2 精白砂糖分量的一半
*3 水果果肉加果汁總重量的1%

1 小心切除柳橙和檸檬的果皮，取出果肉，將剩餘
的薄皮擠成果汁。

2 蘋果削皮去核，切成一口大小。加上 *1* 的果肉和
果汁，共準備940g。

3 將 *2* 放入銅鍋裡，以大火加熱，加入事先混合
在一起的精白砂糖和LM果膠，以打蛋器混拌均
勻。

4 精白砂糖和果膠融解
後，加入奶油攪拌均
勻。將柳橙果肉拌開
成液體狀，加熱15分
鐘。為避免燒焦，務
必經常攪拌。

POINT 熬煮至剩下
2/3分量。若火候太
小，需要花費較多時
間才讓水分蒸發，但
也因此容易造成風味
散發，所以要以大火
加熱熬煮。

5 移至料理盆中，稍微置涼後添加柑曼怡香橙干邑
甜酒。以手持電動攪拌棒攪拌至泥狀，覆蓋保鮮
膜並使其緊密貼合於表面，放入冷藏室裡冷卻。

盧昂蜜盧頓塔麵糊 （18個分量）

- 鮮奶油（乳脂肪含量38%）……320g
- 全蛋……120g
- 精白砂糖……100g
- 玉米澱粉＊……12g
- 榛果糖（自製）……80g
- ＊ 過篩備用

1 鍋裡依序倒入鮮奶油、全蛋、精白砂糖，以打蛋器混拌均勻。

2 加入玉米澱粉拌勻後再加入榛果糖混合在一起。

3 以中～大火加熱 **2**，並以打蛋器不斷攪拌。溫度達78度C後關火，邊攪拌邊利用餘熱使溫度達80度C。

POINT 為了不讓麵糊滲透至法式甜塔皮裡，稍微加熱至有點黏稠。80度C是足以幫蛋液殺菌的溫度。在這個狀態下加熱至有點黏稠感，不僅容易倒入塔皮中，也能讓烤焙後的成品外觀更美麗。

組裝・烤焙

1 用湯匙取盧昂蜜盧頓塔麵糊填入盲烤的法式甜塔皮裡。

2 排列在鋪有矽膠烘焙墊的烤盤上，放入預熱至180度C且拉開氣門的旋風烤箱中，烤焙8分鐘。右圖為出爐照片。

3 待 **2** 放涼後，用抹刀取40g的梅森果泥塗抹在盧昂蜜盧頓塔麵糊上。如圖所示，將果泥抹在上面，再用手指將沾附於邊緣外側的果泥擦拭乾淨。

4 排列在烤盤上，放入預熱至170度C且拉開氣門的旋風烤箱中，烤焙10分鐘。

POINT 烤焙後表面形成薄膜，方便接下來的焦糖化作業。

收尾

- 精白砂糖……適量

1 將精白砂糖倒入料理盆中，將組裝・烤焙-**4** 以上面朝下的方式撒上精白砂糖。

2 排列在烤盤上，以瓦斯噴火槍炙燒，使精白砂糖焦糖化。

POINT 焦糖化是避免乾燥的必要作業。

3 **2** 的上面也撒上精白砂糖，再次以瓦斯噴火槍炙燒，使精白砂糖焦糖化。

愈咀嚼，
口齒間愈是小麥醇香的
「利雪蛋糕」

堆積4層酥餅，強調鬆脆口感

酥餅如沙堆般散開的口感十分具有吸引力，小麥麵粉的香氣隨著咀嚼愈發充滿於口齒之間。據說酥餅的發源地是法國‧諾曼第地區‧卡爾瓦多斯省的一個城鎮利雪，利雪製作的利雪酥餅使用肉桂和紅糖等材料，不僅味道具濃郁的層次感，還充滿淡淡的香料味。在4片酥餅之間，以巧克力奶油醬作為夾層，打造小蛋糕的形象，讓口感與香氣在兩相烘托下更顯突出。

搭配使用2種香氣顯著的日本產小麥麵粉

用於製作酥餅的小麥麵粉，以烤焙後的香氣更加顯著的北海道產低筋麵粉為主，另外搭配10%的全麥麵粉，讓人能夠強烈感受到豐富咬感與小麥風味。蛋黃增添濃郁感，另外使用卡爾瓦多斯蘋果白蘭地取代蛋白以補足水分，藉此呈現主角－酥餅的獨特個性。

酥餅發源地的特產，充滿美好滋味與香氣

添加肉桂來增添香氣的巧克力奶油醬，以英式蛋奶醬為基底，另外搭配甘納許和義式蛋白霜製作而成。又甜又軟的口感，和鬆脆的酥餅口感形成對比。之所以選擇煸炒蘋果作為餡料，主要因為蘋果是卡爾瓦多斯省的特產。再透過卡爾瓦多斯蘋果白蘭地嗆酒焰燒食材，有助於增添酥餅風味。

利雪酥餅 （132片／33個分量）

- 低筋麵粉（nippn「SIRIUS」）＊1……500g
- 全麥麵粉（平和製粉「夢之力」）＊1……50g
- 肉桂粉＊1……5g
- 鹽……4.5g
- 奶油＊2……450g
- 糖粉＊3……200g
- Vergeoises甜菜糖＊3……25g
- 蛋黃＊4……40g
- 卡爾瓦多斯蘋果白蘭地＊4……50g

＊1 混合在一起過篩備用
＊2 切成2cm立方塊並冷卻備用
＊3 混合在一起備用
＊4 混合在一起備用

1 將混合在一起並過篩的粉類和鹽、切成2cm立方塊並冷卻備用的奶油放入攪拌機的攪拌缸中。在每一個奶油立方塊上撒粉。

2 安裝扁平攪拌頭，以低速運轉攪拌。

3 奶油顆粒變小且呈細沙狀時，倒入糖粉和甜菜糖，然後繼續攪拌。

4 砂糖均勻分布，整體呈細沙狀時，邊慢慢倒入蛋黃蛋液和卡爾瓦多斯蘋果白蘭地邊攪拌。

5 麵糊成團後，以保鮮膜包覆，調整成3cm左右的厚度，置於冷藏室1晚。

6 自冷藏室取出 **5**，撒上手粉（分量外），以壓麵機延展成3mm厚度。

7 以直徑6cm圓形壓模壓出圓形麵皮，排列在鋪有矽膠烘焙墊的烤盤上。放入預熱至170度C的旋風烤箱中烤焙40分鐘，出爐後置於室溫下冷卻。

煏炒蘋果 （18個分量）

- 蘋果（紅玉）……2顆（削皮去核340g）
- 精白砂糖＊1……34g
- 奶油＊2……10g
- 卡爾瓦多斯蘋果白蘭地……17g
- 蜂蜜＊3……17g

＊1 蘋果重量的10％
＊2 蘋果重量的3％
＊3 蘋果重量的5％

1 蘋果切成8等分楔形，再從兩端切成5～7mm薄片。

POINT 切得太厚會造成組裝困難，切得太薄會於加熱後薄如蟬翼，影響口感。

2 鍋裡放入 **1** 和精白砂糖、奶油，蓋上鍋蓋並以中火加熱。2分鐘後，聽到咕嘟咕嘟聲且開始出水後，掀開鍋蓋。以木鏟攪拌，當鍋底有一定程度的水量後轉為大火。以拌炒方式攪拌，煮至水分蒸發。

POINT 重點在於熬煮至水分完全蒸發。蘋果汁和奶油、精白砂糖混合在一起，透過煏炒讓變軟的蘋果再次吸收汁液，整體風味變得更加濃郁。如果只是稍微拌炒，蘋果可能於組裝後出水而導致整體口感變黏糊。

3 水分完全蒸發後，倒入卡爾瓦多斯蘋果白蘭地嗆酒焰燒。

4 加入蜂蜜，拌勻後關火，移至料理盆中。稍微置涼後以保鮮膜覆蓋並使其緊密貼合於表面，然後放入冷藏室。

巧克力奶油醬（20個分量）

- 蛋黃……80g
- 精白砂糖……70g
- 牛奶……200g
- 鮮奶油（乳脂肪分量38%）……100g
- 肉桂棒……1枝
- 黑巧克力（可可含量71%）＊1……160g
- 可可脂＊1……16g
- 奶油＊2……120g
- 義式蛋白霜（以下記分量製作，取180g使用）
- 精白砂糖……300g
- 水……100g
- 蛋白……150g

＊1 混合一起並融化備用
＊2 置於室溫下，回軟至手指按壓會凹陷的程度

1 將蛋黃和精白砂糖放入料理盆中。用打蛋器以摩擦盆底的方式攪拌，稍微混拌在一起就好。

2 鍋裡倒入牛奶和鮮奶油，然後放入用手折斷的肉桂棒，以大火加熱。快沸騰前關火，以打蛋器攪拌的同時，緩緩注入 1，小心不要四處飛濺。

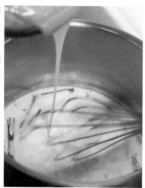

3 用橡膠刮刀攪拌，以中火加熱熬煮至82～83度C，有濃稠度後自火爐上移開鍋子。留意不要讓底部食材燒焦。

4 將 3 經錐形篩過濾至裝有混合在一起且融化備用的黑巧克力與可可脂的料理盆中，取出肉桂棒。

POINT 將取出的肉桂棒清洗乾淨，以烤箱烘乾後於之後收尾時使用。

5 以橡膠刮刀確實混拌均勻。整體均勻後，將料理盆置於冰水上，攪拌一下讓溫度下降。溫度達42度C時，移開冰水並加入奶油，以打蛋器攪拌溶化奶油。混拌均勻後，調溫至40度C。

6 在這個同時開始製作義式蛋白霜。鍋裡倒入精白砂糖和水，以大火加熱熬煮至118～120度C。

7 6 開始沸騰後，將蛋白倒入攪拌缸中，以中高速運轉打發。體積膨脹且呈白色鬆軟狀後切換成低速運轉，然後沿著攪拌缸內側面緩緩注入 6。

8 切換成高速運轉攪打。表面有光澤感且以打蛋頭撈起蛋白霜時尖角挺立後切換成中速運轉，持續攪打至溫度降為28度C。

POINT 蛋白霜溫度若太低，之後與巧克力混合在一起時，容易造成巧克力太快凝固而無法順利混拌均勻。反之，蛋白霜溫度太高容易造成消泡。兩種情況都會使口感變差，建議將蛋白霜的溫度調整至28～33度C。

9 5 達到適當溫度後，加入義式蛋白霜，用打蛋器以從盆底向上舀起的方式攪拌，確實混拌均勻。在這個階段下，雖然整體狀態尚鬆軟，但畢竟內有巧克力，冷卻後自然會變硬。

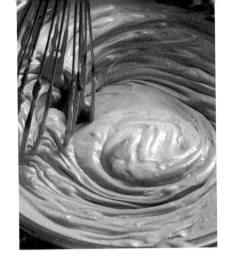

6　在 5 上面擠5g巧克力奶油醬，以L型抹刀抹平。

7　以烤面朝上的方式擺放第4片酥餅，放入冷凍庫裡冷卻凝固。

收尾

- 肉桂糖粉（容易製作的分量）
- 肉桂棒（製作完巧克力奶油醬，清洗並烘乾後使用）……2g
- 糖粉……20g
- 搗碎的利雪酥餅……適量

1　製作肉桂糖粉。將材料混合在一起，以研磨機搗碎後過篩。

2　自冷凍庫取出組裝-7，以瓦斯噴火槍溫熱圈模周圍以利脫模。

3　用手取搗碎的利雪酥餅撒在側面。

4　將菱形圖案裝飾模板置於蛋糕頂部，用濾茶網輕輕撒上肉桂糖粉。

POINT 在表面製作花樣，可兼具設計與味道的效果。整個表面撒滿肉桂糖粉，容易因為太甜而破壞整體風味的和諧。

組裝（使用直徑6.5×高3cm圓形圈模）

1　將直徑6.5×高3cm圓形圈模排列在鋪有烤箱紙的鐵板上，各放入1片烤面朝上的利雪酥餅。一個利雪蛋糕使用4片利雪酥餅。

2　將巧克力奶油醬填入裝有口徑12mm圓形花嘴的擠花袋中，在 1 上面擠15g的巧克力奶油醬。

3　擺上第 2 片利雪酥餅，輕壓一下讓巧克力奶油醬稍微從邊緣向上溢出。

4　同樣在第2片利雪酥餅上擠15g的巧克力奶油醬，再疊上第3片利雪酥餅。

5　在第3片利雪酥餅上擠10g巧克力奶油醬，接著以湯匙取20g的焗炒蘋果擺在上面。

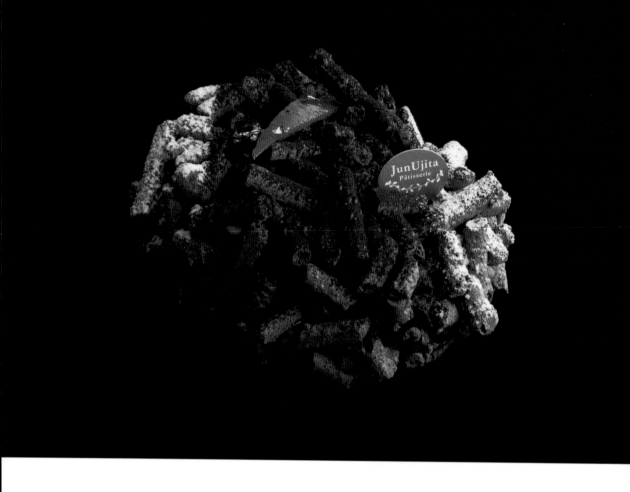

堅果與柳橙香氣襯托巧克力美味的

「巧克力蛋白霜餅(Doigts de fée)」

添加榛果糖的巧克力慕斯裡
藏有糖漬香橙，散發清新的柑橘風味

這是法國「雷諾特廚藝學院」設計的巧克力慕斯甜點「協和蛋糕」的變化版。本店在
聖誕節期間會推出這款蛋糕。搭配可可粉，在3片烤焙成圓盤狀的蛋白霜餅之間以巧
克力慕斯為夾層，再將烤焙成妖精手指形狀的蛋白霜餅隨機黏貼在上面。不同於原創
之處，在於店裡的慕斯裡添加榛果糖，另外以糖漬香橙作為夾層餡料。堅果的芳香、
柑橘的苦澀與清爽，巧克力的味道因此更具多樣化的面貌。

可可瑞士蛋白霜 （4個分量）

- 蛋白……150g
- 精白砂糖……300g
- 糖粉＊……60g
- 可可粉＊……35g

＊ 混合一起後過篩備用

1 將蛋白和精白砂糖放入攪拌缸中，用打蛋器攪打的同時，以中火加熱至50度C。

2 將 *1* 攪拌缸裝至攪拌機上，裝上打蛋頭，以中速運轉打發。整體有光澤感，以打蛋頭撈起蛋白霜時有尖角且稍微下垂的狀態後即停止。

3 加入混合在一起並過篩的糖粉和可可粉，以橡膠刮刀大致混合在一起。

4 將 *3* 填入裝有口徑6mm圓形花嘴的擠花袋中，在鋪有烤箱紙的烤盤上擠一個直徑12cm的圓形，再從圓心部位擠漩渦狀填滿。同樣方式共12片（1個蛋白霜餅使用3片）。用剩餘的 *3* 擠出長5cm的長條狀。

5 放入預熱至140度C且拉開氣門的烤爐中，烤焙30分鐘。關掉烤爐並利用餘熱乾燥1個晚上。

巧克力慕斯 （4個分量）

- 炸彈麵糊
- 精白砂糖……100g
- 水……33g
- 蛋黃……66g
- 鮮奶油（乳脂肪含量42%）＊……220g
- A 黑巧克力（可可含量71%）……77g
  - 可可膏……77g
  - 榛果糖（自製）……44g
- 蘭姆酒……18g

＊ 放入冷藏室裡冷卻
A 混合一起，以隔水加熱方式融化並調溫至45度C

1 製作炸彈麵糊。鍋裡倒入精白砂糖和水，以大火加熱熬煮至115度C。

2 料理盆裡倒入蛋黃並打散。將 *1* 慢慢注入料理盆中，以打蛋器攪打均勻。

3 以錐形篩過濾 *2* 到攪拌缸裡面，將攪拌缸安裝至攪拌機上。

4 裝上打蛋頭，以中速運轉攪打。泛白且逐漸變黏稠時，持續攪打至溫度降低。目標溫度為26度C。

5 將鮮奶油倒入另外一只攪拌缸中並安裝至攪拌機上，裝上打蛋頭打發至6分發。以打蛋頭撈起鮮奶油時，緩慢滴落且滴落堆疊痕跡會立即消失的程度。

6 將 *4* 的炸彈麵糊倒入融化並調溫至45度C的 *A* 裡面，以橡膠刮刀混拌均勻。倒入蘭姆酒後同樣攪拌均勻。

7 *6* 完全混拌均勻前，加入1/3分量的 *5*，以打蛋器確實攪打均勻。

8 將 *7* 倒回剩餘的 *5* 裡面，用打蛋器以從盆底向上舀起的方式攪拌均勻。

組裝・收尾 （4個分量）

- 自製糖漬香橙（夾層用）＊……60g
- 可可粉……適量
- 糖粉……適量
- 自製糖漬香橙（裝飾用）……適量

＊ 材料與製作方式請參照P.77「加泰隆尼亞焦糖米布丁」

1 將夾層用糖漬香橙切細碎。

2 以烤面朝上的方式將1片烤成圓形的可可瑞士蛋白霜餅擺在砧板上，以抹刀取50g的巧克力慕斯塗抹在蛋白霜餅上，然後撒7.5g左右的糖漬香橙。

3 堆疊第2片可可瑞士蛋白霜餅，輕輕按壓。同 *2* 的步驟，塗抹巧克力慕斯並撒上糖漬香橙。

4 堆疊第3片可可瑞士蛋白霜餅，以抹刀將剩餘的巧克力慕斯塗抹在頂部，以滴落至側面的慕斯均勻塗抹在側面。

5 用手將烤焙成長條狀的可可瑞士蛋白霜餅折成一小段一小段，黏貼在 *4* 的表面。

6 用濾茶網依序撒上可可粉、糖粉，最後再將裝飾用糖漬香橙切成三角形，置於上方作為裝飾。

享受柳橙與
蘭姆酒馥郁香氣的
「薩瓦蘭蛋糕」

**大量糖漿滲透至使用全麥麵粉
與裸麥麵粉製作的多風味麵團裡**

薩瓦蘭蛋糕的特色是放入口中時，甘甜芳醇的糖漿瞬間在口中散開。製作薩瓦蘭麵團時，比起使用高筋麵粉，以1：1的比例搭配全麥麵粉與裸麥麵粉，格外能夠突顯麵粉的香氣與微酸感。製作訣竅在於增加水量，充分攪拌，讓麵團形成糖漿容易滲透的麵筋網狀結構。在入口即化的麵團裡添加以蘭姆酒和柳橙汁製作的糖漿，再讓麵團吸收大量糖漿。最後再透過香緹鮮奶油的乳香與甘甜讓整體溫和地融合在一起。

布莉歐麵團
（使用直徑6×高2cm薩瓦蘭烤模／28個分量）

- 高筋麵粉＊1……270g
- 全麥麵粉＊1……27g
- 裸麥麵粉＊1……27g
- 水＊2……14g
- 速發乾酵母（SAF-INSTANT Gold）＊2……7g
- 精白砂糖……11g
- 鹽……7g
- 全蛋……360g
- 奶油＊3……130g
- 烤模用奶油＊3……適量

＊1 各自過篩後混合在一起。全麥麵粉過篩後的麩皮另外保存，之後使用
＊2 將水加熱至30度C，加入速發乾酵母和1小撮精白砂糖（取自上述分量中），攪拌均勻後靜置5分鐘發酵
＊3 置於室溫下，回軟至髮油狀

1　將高筋麵粉、全麥麵粉、裸麥麵粉、事先發酵備用的速發乾酵母和水、剩餘的精白砂糖、鹽、全蛋倒入攪拌機的攪拌缸中，裝上扁平攪拌頭，以低速運轉攪打。粉類不再飛濺後，切換成中速運轉，攪拌至所有麵團都沒有沾黏在攪拌缸內側面的狀態為止。

2　切換成中高速運轉，分2次添加奶油並混拌均勻。

3　奶油拌勻後切換成低速運轉，加入先前過篩時取出的全麥麵粉的麩皮。

4　再次切換成中高速運轉攪打。麵糊不再沾黏於攪拌缸內側面且成團時，停止攪拌機運轉。

5　移至料理盆中，以刮板輕輕轉動麵團，調整成圓形。以保鮮膜包覆並放入冷藏室12小時，進行基本發酵。基本發酵後膨脹至1.5倍。

6　在5的表面撒手粉（分量外），用拳頭敲打麵團以排出空氣。

7　用刮板分切麵團，每個約25g，然後用手掌敲打以排出空氣。接著撒上手粉，以用手輕握的方式，在工作檯上將麵團調整成圓形，直到麵團表面緊繃光滑。

8　在直徑6×高2cm的薩瓦蘭烤模內側塗刷烤模用奶油，將7放進烤模中。在工作檯上輕敲烤模以排出空氣，用手指輕輕調整形狀。

9　置於溫度25度C、濕度45％的室內1個小時，進行最後發酵。讓麵團膨脹至略高於烤模的狀態。

10　放入預熱至200度C且拉開氣門的烤爐中，烤焙25分鐘。出爐後置於室溫下冷卻。

糖漬杏桃果粒果醬
（28個分量）

- 杏桃果泥……400g
- 水……100g
- 檸檬汁……10g
- 精白砂糖＊……400g
- LM果膠＊……10g

＊ 充分混合在一起

1　鍋裡倒入杏桃泥、水、檸檬汁，混合在一起的精白砂糖和LM果膠，大火加熱並以打蛋器攪拌。

2　精白砂糖融解且沸騰後關火，移至料理盆中。稍微置涼後覆蓋保鮮膜並使其緊密貼合於表面，放入冷藏室裡冷卻。

醃漬用糖漿（容易製作的分量）

- 水……1000g
- 精白砂糖……500g
- 柳橙汁……500g

1　鍋裡倒入水、精白砂糖和柳橙汁，大火加熱並以打蛋器攪拌。精白砂糖融解且沸騰後關火。

組裝・收尾（容易製作的分量）

- 蘭姆酒（尼可麗塔蘭姆酒和百加得蘭姆酒以1：1的比例混合）……醃漬用糖漿的1.5倍重
- 香緹鮮奶油＊1……適量
- 香草糖＊2……適量
- 切絲橙皮＊3……適量

＊1 在乳脂肪含量47％鮮奶油中加入10％重量的砂糖，打發至9分發
＊2 將取出香草籽的豆莢搗碎，和精白砂糖混合在一起
＊3 以30度波美糖漿稍微煮熬切絲橙皮

1　將醃漬用糖漿加熱至38度C。

2　將布莉歐麵團浸在1裡面，讓糖漿確實滲透至麵團裡，然後用手擠掉多餘糖漿。

3　將2稍微浸在蘭姆酒中，取出後放入容器中。以毛刷沾取糖漬杏桃果粒果醬塗刷於表面。

4　將香緹鮮奶油填入裝有6齒星形花嘴的擠花袋中，在3上面擠一座小山。

5　以濾茶網撒上香草糖，最後再以切絲橙皮裝飾。

鮮明迷人蘭姆酒香氣
「法式烤布蕾」

濃厚質地加上蘭姆酒香氣，充滿成熟韻味的甜點

不同於使用雞蛋、乳製品和砂糖等材料，並且以水浴法製作的甜點「焦糖布丁」
（P.60），「法式烤布蕾」的最大特色是好比奶油般的滑順口感。這種滑順質地來自於
只使用蛋黃，而乳製品部分則以奶油為主體，打造濃濃的乳香與溫潤風味。而添加大
量蘭姆酒是本店法式烤布蕾的獨家特色。入口即化的濃厚質地，搭配在唇齒間散開的
醇釀香氣，不折不扣是一款以成人為取向的美味法式甜點。

法式烤布蕾

（使用口徑6.5×高5cm·容量120ml的鋁杯／14個分量）

- 牛奶⋯⋯250g
- 鮮奶油（乳脂肪含量38%）⋯⋯1000g
- 香草莢醬⋯⋯1/4小匙
- 蛋黃⋯⋯250g
- 精白砂糖⋯⋯150g
- 蘭姆酒⋯⋯60g
- 紅糖⋯⋯適量

1　鍋裡倒入牛奶、鮮奶油、香草莢醬，大火加熱至沸騰。

2　將蛋黃和精白砂糖倒入料理盆中，用打蛋器以摩擦盆底的方式攪拌，讓精白砂糖溶解。將 *1* 分3次添加並混拌均勻。

3　以錐形篩過濾至料理盆中，添加蘭姆酒。將料理盆置於冰水上，攪拌至稍微降溫後，覆蓋保鮮膜並使其緊密貼合於表面，置於冷藏室1晚。

4　在一個有深度的托盤裡倒入約3cm高的熱水，將口徑6.5×高5cm·容量120ml的鋁杯排列在托盤裡。

5　將 *3* 注入鋁杯中，約9分滿。為避免表面乾燥，擺一層烤網後再鋪一張矽膠烘焙墊，放入預熱至160度C且拉開氣門的烤爐中，以水浴法烤45分鐘。出爐後稍微置涼，再放入冷藏室裡冷卻。

6　表面撒紅糖，以瓦斯噴火槍炙燒使其焦糖化。同樣步驟進行2次。

以香氣更濃郁的糖漿
打造高級甜點形象
「法式改良版咕咕洛夫」

多費功夫處理剩餘的咕咕洛夫，
搭配香橙與蘭姆酒糖漿，又是一道嶄新的創意甜點

咕咕洛夫是在布莉歐麵團裡添加蘭姆葡萄乾烤焙而成。因緣際會下將店裡剩餘的咕咕
洛夫浸泡在蘭姆酒糖漿裡，那驚為天人的美味讓我們決定正式製作成商品。先在靜置
1晚的咕咕洛夫表面撒糖粉，利用所有烤箱作業結束後的餘熱讓糖粉形成白色結晶，
增加口感與甜度。接著將咕咕洛夫切塊，裹上柳橙糖漿，然後連同香橙和蘭姆酒調製
的糖漿一起放入容器中。大家也可以依個人喜好蘸著糖漿一起享用。利用同一種麵
團，讓大家享用截然不同的口感與香氣，也可以藉由香緹鮮奶油的乳香甘甜，稍微中
和一下酒精的氣味。

咕咕洛夫麵團

（使用直徑10.5×高6.5cm的咕咕洛夫烤模9個／36個分量）

- 高筋麵粉＊1……250g
- 低筋麵粉＊1……125g
- 全麥麵粉＊1……62.5g
- 水＊2……20g
- 速發乾酵母（SAF-INSTANT Gold）＊2……6.5g
- 精白砂糖……35g
- 鹽……8g
- 全蛋……360g
- 奶油＊3……200g
- 蘭姆葡萄乾……135g
- 烤模用奶油＊3……適量
- 塗刷蛋液＊4……適量
- 糖粉……適量

＊1 各自過篩後混合在一起。全麥麵粉過篩後的麩皮另外保存，之後會使用

＊2 將水加熱至30度C，加入速發乾酵母和1小撮精白砂糖（取自上述分量中），攪拌均勻後靜置5分鐘發酵

＊3 置於室溫下，回軟至髮油狀

＊4 全蛋與水以3：1的比例混合打散備用

1 製作方法請參照「聖托佩塔」（P.24）的布莉歐麵團步驟 **1**～**5**。在步驟 **3** 和 **4** 之間加入蘭姆葡萄乾。

2 以毛刷在烤模內側確實塗刷烤模用奶油。

3 在基本發酵後的麵團表面撒手粉（分量外），用拳頭敲打麵團以排出空氣。用刮板分切麵團，每個約130g，然後用手掌敲打麵團以排出空氣。撒上手粉並在工作檯上用雙手將麵團搓圓，直到麵團表面緊繃光滑。

4 用手指在麵團中間挖洞，然後放入抹好奶油的烤模裡。置於溫度25度C，濕度45％的室內1小時30分鐘，進行最後發酵。麵團膨脹至烤模邊緣且略高於烤模高度就可以了。

5 以毛刷在表面塗刷蛋液，放入預熱至240度C且拉開氣門的烤爐中，烤焙25分鐘。出爐後立刻脫模並冷卻。

6 隔天，托盤裡倒入糖粉，將 **5** 放在托盤滾動，整體裹上糖粉。接著排列於烤盤上，放入預熱至240度C的烤爐中，烘烤5分鐘使糖粉融解並形成結晶。

醃漬用糖漿（容易製作的分量）

- 水……1000g
- 精白砂糖……500g
- 柳橙汁……500g

1 鍋裡倒入水、精白砂糖和柳橙汁，大火加熱並攪拌均勻。精白砂糖融解且沸騰後關火。

糖漿（10個分量）

- 柳橙汁……100g
- 糖漿（30度波美糖漿）……100g
- 蘭姆酒……100g

1 將所有材料混拌均勻。

組裝・收尾（容易製作的分量）

- 香緹鮮奶油＊……適量

＊ 在乳脂肪含量47％的鮮奶油中加入10％重量的砂糖，打發至9分發

1 將醃漬用糖漿加熱至38度C。

2 將咕咕洛夫麵團 **6** 切成4等分。浸在 **1** 裡面，讓糖漿確實滲透至麵團裡。以烤面朝下的方式放入容器中，然後注入30g糖漿。

3 將香緹鮮奶油填入裝有6齒，口徑15mm星形花嘴的擠花袋中，然後將香緹鮮奶油擠在 **2** 上面。

對自製巧克力的堅持與執著

自2016年起，我們店裡從烘焙可可豆的步驟開始自製巧克力。畢竟製作甜點時，巧克力是一種大家非常熟悉的材料，身為甜點專業人士，我認為我必須知道可可豆是如何變成巧克力，於是我開始嘗試製作巧克力。先從進口商那裡採購來自世界各個產地的可可豆，不斷從錯誤中學習製作片狀巧克力和巧克力糖，一直到現在，小蛋糕中所使用的巧克力幾乎都是我們店裡自行製作。

用於小蛋糕的巧克力，基本上是店裡自製，使用哥倫比亞、馬達加斯加、迦納、委內瑞拉、印度等5個產地的可可豆混合製作而成。哥倫比亞產的可可豆充滿柳橙與乳製品的迷人香氣、馬達加斯加產的可可豆充滿香草與堅果香氣、印度產的可可豆則帶有類似百香果的酸味，各個產區的可可豆各有不同特色。店裡也會將使用單一產區可可豆自製的巧克力用於製作生菓子。

原則上，自製巧克力的可可含量為71％。附帶說明一下，可可含量是指巧克力所含的可可膏、可可粉、可可脂等來自可可豆的原料（水除外）含量比例。若可可含量為71％，剩餘的29％為砂糖等副材料。其中最重要的是可可含量中固形物量（可可膏）和油脂量（可可脂）的均衡比例。即便同樣

是可可含量71％，固形物含量比例較高的話，可可風味會比較強烈；油脂含量比例較高的話，因流動性高，口感會更滑順，也更加入口即化。店裡自製的巧克力相比於市售的調溫巧克力，可可脂含量比例較低，可可膏含量比例較高，基於必須與其他素材互相搭配，所以要事先考慮香氣、苦味、酸味和甜味之間的平衡。可可風味鮮明、強烈且有層次感，才能打造出味道的厚實感。

我們也會依照特製甜點的味道與個性，隨時調整可可膏與可可脂含量的比例。以「利雪蛋糕」（P.83）為例，使用自製巧克力來調製巧克力奶油醬，並作為4片酥餅之間的夾層。這時候為了配合酥餅的硬度以保持形狀，以及兼顧入口即化的滑順口感，我們通常會另外添加市售的可可脂來加以調整可可含量。

除此之外，製作「巧克力覆盆子聖誕樹幹蛋糕」（P.100）時，塗刷用的巧克力慕斯也會另外添加可可膏。這是為了增強可可香氣與強調慕斯輪廓，雖然用量不多，但確實能夠突顯存在感。自製巧克力的魅力就在於甜點師能夠盡情表現出自己理想中的美味甜點。

4

玩味不同素材的組合

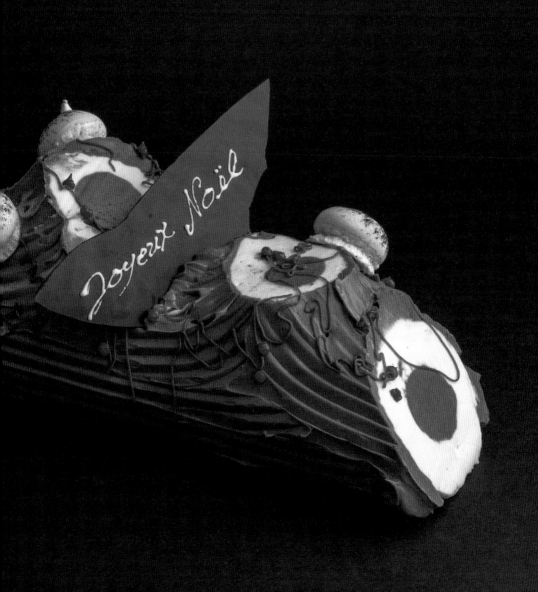

覆盆子 × 杏仁 × 奶油
「巧克力覆盆子聖誕樹幹蛋糕」

隱藏於主角巧克力背後，3種副材料的美味

充分攪拌生杏仁膏，製作充滿濕潤度與層次感的可可風味海綿蛋糕，塗抹糖漬覆盆子果粒果醬、包捲巧克力慕斯，最後在表面覆蓋巧克力風味的法式奶油霜。雖然可以強烈感受到巧克力的味道，但隱藏在背後的還有調味得穠纖合度的覆盆子、杏仁和奶油等副材料。是一款大人小孩都愛不釋手的聖誕節蛋糕。

仔細構思各組合部位在口中化開的美妙口感，
打造具有整體感的味道

海綿蛋糕、慕斯和法式奶油霜組合起來的整體感是這款聖誕樹幹蛋糕的最大魅力。多費一些心思在蛋白霜的組合方式上，讓海綿蛋糕的質地更加鬆軟可口。細心攪拌巧克力，讓慕斯裡不見一絲一毫的巧克力殘留顆粒。再加上對材料溫度與軟硬度的堅持，才能製作出輕盈且入口即化的法式奶油霜。

鮮嫩欲滴的覆盆子打造輕盈溫和、不沉重的滋味

滿滿的巧克力看似濃厚，但多虧塗抹在海綿蛋糕上的覆盆子果醬（framboise pépin），微酸味道讓口感更加滑順。將冷凍覆盆子和砂糖、果膠混合在一起，快速加熱使其變黏稠，口感介於果凍和糖漬果粒果醬之間。鮮嫩且具有咬感的質地，打造鮮明且輕盈柔和的好滋味。

杏仁巧克力海綿蛋糕

（使用60×40cm烤盤1片／4個分量）

- · 生杏仁膏（市售品）……180g
- · 蛋黃……100g
- · 全蛋……55g
- · 糖粉＊1……115g
- · 蛋白……145g
- · 精白砂糖……55g
- · 低筋麵粉＊2……65g
- · 可可粉＊2……25g
- · 奶油＊3……50g

＊1 過篩備用
＊2 各自過篩並混合在一起備用
＊3 融化並調溫至50度C

1 將生杏仁膏和一半分量的蛋黃倒入小料理盆中，以橡膠刮刀打散並攪拌至滑順。

2 將剩餘的蛋黃和全蛋、**1**、糖粉放入攪拌機的攪拌缸中，裝上打蛋頭，以低速運轉攪打，糖粉不再四處飛濺時，切換成高速運轉。攪打至飽含空氣、泛白、體積開始膨脹且確實留下蛋頭痕跡的狀態後，關掉攪拌機。

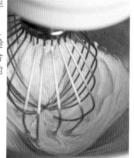

POINT 完成蛋白霜後，趁軟化前盡快和其他材料混合在一起，所以要事先將其他基本材料準備妥當。

3 攪拌**2**約30秒後，取另外一只攪拌缸，倒入蛋白和1/3分量的精白砂糖，裝上打蛋頭並以高速運轉打發。整體泛白且體積膨脹後，將剩餘精白砂糖分2次添加，繼續打發至蛋白霜尖角挺立。

4 取1/3分量的蛋白霜加入**2**裡面，用橡膠刮刀以切拌方式攪拌。

5 完全混拌均勻之前，倒入過篩並混合在一起的低筋麵粉和可可粉。

6 攪拌至8成均勻時（照片），倒入融化奶油並繼續攪拌。

7 混拌均勻後倒入剩餘的蛋白霜，以從盆底向上舀起的方式攪拌。

POINT 奶油的油脂易造成蛋白霜消泡，所以加入奶油後，務必快速且細心攪拌。攪拌後依稀看得到蛋白霜的氣泡也沒關係（照片）。鋪於烤盤後自然會慢慢融合在一起。

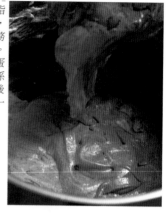

8 將**7**倒入鋪有烘焙紙的烤盤上，以L型抹刀抹平。放入預熱至230度C烤爐中，烤焙11分鐘，出爐後置於室溫下放涼。一出爐就捲起來的話容易破裂，但為了避免乾燥，務必裝入塑膠袋中靜置1晚。

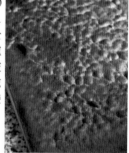

組裝 1

- · 覆盆子果醬（framboise pépin）＊……200g（4個分量）

＊ 材料與製作方式請參照P.26「聖托佩塔」

1 撕掉杏仁巧克力海綿蛋糕的烤箱紙，以烤面朝下的方式橫向置於砧板上，用菜刀將長邊對半切開（一片為2個分量）。

2 配合對切海綿蛋糕的大小裁切2張烤箱紙並鋪於砧板上，將**1**各自以烤面朝下且2片海綿蛋糕的切口相連的方式並排於烤箱紙上面。

3 在海綿蛋糕上塗抹覆盆子果醬，1片塗抹100g左右，以L型抹刀薄薄地塗抹。

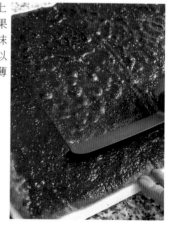

巧克力慕斯 _(4個分量)

- 炸彈麵糊（以下記分量製作，取135g使用）
- 精白砂糖⋯⋯65g
- 水⋯⋯21g
- 蛋黃⋯⋯70g
- 鮮奶油（乳脂肪含量38%）＊1⋯⋯200g
- 黑巧克力（可可含量71%）＊2⋯⋯125g
- 可可膏＊2⋯⋯25g

＊1 放入冷藏室裡冷卻備用
＊2 混合在一起，以隔水加熱方式調溫至50度C

1 製作炸彈麵糊。將精白砂糖和水倒入鍋裡，大火加熱熬煮至115度C。

POINT 若溫度高於115度C，注入蛋黃裡時會導致蛋黃遇熱而凝固。

2 蛋黃倒入料理盆中打散，將1慢慢注入的同時，以打蛋器拌勻。

3 用錐形篩過濾至攪拌機的攪拌缸中。

4 裝上打蛋頭，以中速運轉攪打。泛白且流速變慢後，繼續攪拌至冷卻。目標溫度為26度C。

5 取另外一只攪拌缸，倒入鮮奶油，裝上打蛋頭打發至6分發。以打蛋頭撈起時會緩緩滴落且堆疊痕跡迅速消失的狀態。

6 將4的炸彈麵糊加入融化並調溫至50度C的黑巧克力與可可膏中，以橡膠刮刀混拌均勻。

POINT 巧克力溫度若太低，和炸彈麵糊混合在一起後容易導致麵糊變硬。但巧克力溫度若過高，添加鮮奶油後又容易出現油水分離現象。這些細節都務必稍加留意。

7 在6完全混拌均勻前，加入1/3分量的5，以打蛋器確實混拌均勻。

8 將7倒入剩餘的5裡面，用打蛋器以從盆底向上舀起的方式確實混拌均勻。

POINT 所有鮮奶油一次性倒入融化後的巧克力中，容易導致巧克力殘留於盆底，建議先部分混合後，再倒入鮮奶油中。

POINT 巧克力與鮮奶油整體拌勻後的狀態。如果留有些許巧克力未拌勻，容易因為巧克力部分變硬而影響整體口感。除此之外，未充分拌勻也可能產生和鮮奶油分離的現象。

組裝 2

1 一次取一半分量的巧克力慕斯塗抹在組裝1-3上面，用L型抹刀平抹均勻。

POINT 左右兩端_{（捲起來後會變成中心部分）}塗抹得少一些有助於之後捲動作業的進行。

玩味不同素材的組合

2 將砧板旋轉90度，讓薄薄塗抹巧克力慕斯的那一端轉到身體側。為了方便捲動海綿蛋糕，先將靠近身體側的這一端折出軸心，然後一手拉著烤箱紙，一手將海綿蛋糕向前捲動，捲動時務必讓左右兩側同樣粗細。

3 末端收尾處朝下，用雙手輕壓調整形狀，直接用烤箱紙包捲起來，底部插入一把尺，確實壓緊固定。連同烤箱紙一起放入冷藏室裡冷卻凝固。

2 橫向擺放組裝2-3，以菜刀從中間縱向切開，將蛋糕捲切成2等分。製作成2個杏仁巧克力海綿蛋糕。將非切口的另一端切掉1cm左右，然後為了讓底部看似比較長，稍微斜切一小塊，讓總長大約18cm。

3 將切掉的部分擺在蛋糕捲上面，打造成樹幹上的樹枝被剪斷後只剩餘根部的模樣。

4 將 3 擺在旋轉檯上，並將剛才另外盛裝的法式奶油霜填入裝有口徑12mm圓形花嘴的擠花袋中，各在兩側切口處邊緣和樹枝根部上擠一圈奶油。將剩餘的法式奶油霜分裝於2個小料理盆中，各以紅色和綠色食用色素調色。

5 在裝有12mm圓形花嘴的擠花袋中填入少量巧克力風味的法式奶油霜，然後擠在 4 的圓圈形奶油中間。

6 將剩餘的巧克力風味法式奶油霜填入裝有寬16mm平口花嘴的擠花袋中，將奶油擠在 5 的側面、頂部與樹枝根部周圍。

收尾（1個分量）

- 法式奶油霜＊1……200g
- 黑巧克力（可可含量71%）＊2……32g
- 食用色素（紅、綠）……適量
- 可可粉……適量
- 蘑菇形狀蛋白霜……適量
- 巧克力片……1片

＊1 材料與製作方式請參照P.16「杏仁奶油蛋糕」
＊2 隔水加熱融化並調溫至42度C

1 取40g法式奶油霜另外盛裝於容器中，用於之後的步驟 4。將融化巧克力和剩餘160g法式奶油霜中的1/3分量混合在一起，以打蛋器混拌均勻。倒回剩餘的法式奶油霜中，確實攪拌均勻，製作巧克力風味的法式奶油霜。

POINT 和黑巧克力混合在一起的法式奶油霜，溫度大約22度C。將法式奶油霜全部倒入裝有巧克力的料理盆中，容易產生攪拌不均勻的現象，建議先混合一部分，然後再倒回裝有法式奶油霜的料理盆中混拌均勻。

7 　用抹刀將法式奶油霜抹平，再以三角鋸齒狀奶油
　　刮刀刮出木紋花樣。放入冷藏室裡冷卻凝固。

8 　以瓦斯噴火槍溫熱菜刀，將兩側切口處和樹枝根
　　部的表面切平。

9 　將著色後的紅色與綠色法式奶油霜各自填入裝飾
　　擠醬筆中，以綠色法式奶油霜畫樹藤模樣，以紅
　　色法式奶油霜畫果實模樣。

10 　最後將表面撒上可可粉的蘑菇形狀蛋白霜和巧克
　　力片裝飾在頂部。

西洋梨 × 杏仁
「秋葉塔」

每一個組合部位都少不了杏仁

秋葉塔是店裡的招牌甜點，以法式甜塔皮、奶油餡、水果配料等材料構成。接下來為大家介紹的是使用西洋梨和蘋果的秋天版本。打造一致性整體風味的主要功臣是杏仁，法式甜塔皮添加杏仁粉和奶油餡，而塗抹於表面的香緹鮮奶油則添加生杏仁膏，各自搭配杏仁使用。至於水果配料則飽含來自奶油餡的濃郁杏仁風味。

水果配料「有點少」才是最佳分量

透過加熱方式，讓配料的西洋梨和蘋果的味道更加濃縮。概念如同「梅森果泥塔」（P.79），基於「將果汁回收於水果」的想法進行煽炒後熬煮。西洋梨方面，使用具適度咬感且酸甜平衡的市售糖煮西洋梨。為了讓客人確實品嚐奶油餡的美味，適量甚至是少量的水果配料就已經很足夠。水果配料過多，反而容易搶了奶油餡的風采。

將法式甜塔皮想像成「容器」，將厚度擀成2mm厚

為了充分品嚐奶油餡的美味，比起塔派基底，法式甜塔皮更適合作為盛裝奶油餡的容器。法式甜塔皮若太厚，存在感會過於強烈，所以厚度僅2mm就好，但因為相對容易破裂，注入奶油餡時請格外小心。

法式甜塔皮*

（使用直徑7.5×高1.7cm法式塔圈烤模）

- 塗刷蛋液（蛋黃）……適量
* 塔皮材料和製作方式請參照P.50「船形蛋白霜餅」。「容易製作的分量」78個分量

1 在法式甜塔皮上撒手粉（分量外），以壓麵機擀成2mm厚度。以直徑10cm圓形壓模壓出圓形塔皮，鋪在直徑7.5×高1.7cm塔圈烤模中。再以抹刀或刮板裁掉突出塔圈外的塔皮。裁切時朝塔圈外側向下斜切。排列於鋪有烤箱紙的鐵板上，置於冷凍庫20分鐘讓塔皮變硬。

2 排列在烤盤上，每個塔皮裡擺放一個蛋糕杯，蛋糕杯裡放滿烘焙石。放入預熱至180度C且拉開氣門的旋風烤箱中烤焙22分鐘。移除蛋糕杯和烘焙石，脫膜後再烤焙10分鐘至上色。

POINT 確實烤焙至上色且乾燥，如此一來，即便之後填入水分含量多的配料也不會過於潮濕。

3 以毛刷取塗刷蛋液細心塗抹在整個塔皮內側。放入預熱至180度C且拉開氣門的旋風烤箱中再烤焙4～5分鐘，讓蛋液完全熟透。

POINT 蛋液如果沒有完全乾燥熟透，塗刷蛋液的部分會於冷卻後變軟，甚至出現蛋腥味。

配料 （26個分量）

- 糖煮西洋梨（市售品）*……260g
- 蘋果（削皮去核）……260g
- 奶油……33g
- 精白砂糖……64g
* 確實瀝乾汁液備用

1 將西洋梨和蘋果切成一口大小。

2 將奶油放入平底鍋裡，以中火加熱融化。奶油融化後加入 **1** 和精白砂糖，以木鏟炒拌均勻。

3 水果出水積在鍋底時，轉為大火，並以木鏟不停攪拌。

POINT 煸炒水果是為了讓水果味道更加濃縮。小火拌炒需要花費較多時間才能讓水分蒸發，所以改用大火。

4 水果吸收水分膨脹，表面有光澤感後關火。

5 移至料理盆中，稍微放涼後覆蓋保鮮膜，置於冷藏室1晚入味。

奶油餡 （26個分量）

- 蛋黃……140g
- 精白砂糖……70g
- 生杏仁膏（市售品）*……70g
- 鮮奶油（乳脂肪含量38%）……400g
- 牛奶……100g
- 奶油……50g
- 鹽……0.3g
- 白蘭地（VOSGES「干邑白蘭地 V.S.O.P」）……50g
* 以微波爐等稍微加熱軟化

1 將蛋黃和精白砂糖倒入料理盆中，以打蛋器充分攪拌均勻。

2 取另外一只料理盆，放入變軟的生杏仁膏，慢慢將 **1** 倒進去，用橡膠刮刀以按壓方式混合在一起。

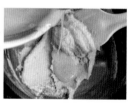

3 整體混拌成泥狀後，改以打蛋器攪拌均勻。

4 鍋裡倒入鮮奶油、牛奶、奶油、鹽，以中火加熱至70度C。

5 將 3 輕輕倒入 4 裡面，以打蛋器混拌在一起。

6 以製作英式蛋奶醬的要領，邊加熱邊使用打蛋器快速攪拌。中火熬煮至80度C且呈黏稠狀後關火，再藉由餘熱使溫度上升至82～83度C，同時用橡膠刮刀以由下往上舀起的方式攪拌。

7 以錐形篩過濾至料理盆中。將料理盆置於冰水上，攪拌使其冷卻。

8 添加白蘭地混合均勻。覆蓋保鮮膜並置於冷藏室1晚。

POINT 靜置1晚使奶油餡穩定，並且讓攪拌時產生的氣泡排出，這樣的口感才會滑順。

組裝

1 以湯匙取配料填入盲烤的法式塔皮中，一個約20g，排列在鋪有矽膠烘焙墊的60×40cm烤盤上。

2 用湯杓取30g奶油餡倒入塔皮中。

POINT 這裡使用的法式甜塔皮比較薄，太用力的話容易撕破，作業時請務必小心。

3 放入預熱至170度C的烤爐中烤焙15分鐘。出爐後置於室溫下放涼。

杏仁結晶糖（容易製作的分量）

· 精白砂糖……150g
· 水……50g
· 鹽……0.5g
· 帶皮切片杏仁（生杏仁）……300g

1 鍋裡倒入精白砂糖、水、鹽，以中火～大火加熱熬煮至114度C。

2 關火並倒入切片杏仁，以木鏟攪拌至乾乾沙沙的狀態。

3 攤開在鋪有烤箱紙的烤盤上，放入預熱至180度C的旋風烤箱中烘烤12分鐘，烘烤過程中稍微攪拌一下，讓整體顏色均勻一致。

POINT 使用烤箱烘烤比較能夠均勻上色，味道也較為芳香迷人。

杏仁香緹鮮奶油（6個分量）

- 生杏仁膏（市售品）＊……50g
- 鮮奶油A（乳脂肪含量38%）……25g
- 白蘭地（VOSGES 干邑白蘭地 V.S.O.P）……13g
- 鮮奶油B（乳脂肪含量47%）……80g
- 精白砂糖……8g
- ＊ 以微波爐等稍微加熱軟化備用

1 將變軟的生杏仁膏、鮮奶油A緩緩倒入料理盆中，用橡膠刮刀以按壓方式攪拌至泥狀。

POINT 步驟 **5** 中添加香緹鮮奶油混合在一起時，因容易出現油水分離現象，請務必充分混拌在一起。留有些許沙沙的生杏仁膏顆粒也沒關係。

2 倒入白蘭地，改以打蛋器攪拌。

3 取另外一只料理盆，倒入鮮奶油B和精白砂糖，以打蛋器攪拌至有黏稠感。大概是6分發的狀態。

4 將 **3** 加入 **2** 裡面混拌均勻。

POINT 這個步驟中最重要的地方在於添加鮮奶油之前，生杏仁膏必須先放涼。如果沒有放涼，容易產生油水分離現象。

5 確實打發至9分發。

收尾

- 糖煮西洋梨（市售品，對半切開）……適量
- 糖粉……適量

1 取18g杏仁香緹鮮奶油置於組裝 **3** 上面，以抹刀均勻抹平，大約5mm厚。

2 將1個糖煮西洋梨切成6～8等分，以瓦斯噴火槍稍微炙燒成帶點焦黑的顏色。

POINT 這是為了使水分蒸發，並且透過焦黑顏色打造豐富表情。

3 將5～6個杏仁結晶糖撒在 **1** 上面，空出中間部位。中間部位擺放1個 **2**。

4 接著再擺放5～6個杏仁結晶糖，最後以濾茶網撒上糖粉。

栗子 × 紅色水果
「栗子紅果塔」

草莓和覆盆子的溫和酸味襯托栗子的濃郁香氣

蒙布朗是使用栗子作為材料的最具代表性的甜點，而栗子紅果塔就是基於蒙布朗所獨創出來的小蛋糕。雖然黑醋栗是襯托栗子濃郁香味的最佳副材料，但由於酸味強烈，可能會搶了栗子的風采。因此這裡使用紅色水果，像是草莓和覆盆子，搭配明膠稍微加熱至黏稠，製作口感介於糖漬果粒果醬和果凍之間的鮮嫩紅色水果果醬。豐富的滋味與溫和的酸味緊緊包覆栗子的香甜，進一步烘托栗子的可口鮮味。

將紅果果醬直接填入法式甜塔皮中，
風味更具衝擊性

不事先填入杏仁餡和杏仁卡式達奶餡，而是直接盲烤，並於出爐後才填入紅果果醬。讓派塔的感覺不會過於強烈，也更加突顯主角栗子和紅果果醬的味道，如同「秋葉塔」（P.106）一樣，都是基於「塔皮是容器」的概念。

以濃厚的慕斯林奶油醬維持平衡

蒙布朗使用大量香緹鮮奶油，但搭配紅果果醬一起使用，容易給人口感與味道都稍嫌淡薄的感覺。因此這裡選擇使用慕斯林奶油醬，透過雞蛋和奶油的風味滲透至法式甜塔皮中以增添濃郁度，搭配栗子時的融合度也更好。

法式甜塔皮*

（使用長11×寬4.5×高1.5cm船形烤模）

- 塗刷蛋液（蛋黃）……適量
- * 塔皮材料和製作方式請參照P.50「船形蛋白霜餅」。「容易製作的分量」95個分量

1 在法式甜塔皮上撒手粉（分量外），以壓麵機延展成3mm厚度。由於烤模側邊為斜面，烤焙後容易有回縮現象，所以烤焙前事先以打孔滾輪打孔。以長13×寬6.5cm葉片壓模壓出葉片形狀的塔皮，鋪於長11×寬4.5×高1.5cm船形烤模中。再以小型水果刀裁掉突出烤模外的塔皮。裁切時朝烤模外側向下斜切。排列於鋪有烤箱紙的鐵板上，置於冷凍庫20分鐘讓塔皮變硬。

2 排列在烤盤上，每個塔皮裡擺放一個蛋糕杯，蛋糕杯裡放滿烘焙石。放入預熱至180度C且拉開氣門的旋風烤箱中烤焙25分鐘。移除蛋糕杯和烘焙石，脫膜後再烤焙10分鐘至上色。

POINT 確實烤焙至上色且乾燥，如此一來，即便之後填入水分含量多的配料也不會過於潮濕。

3 以毛刷取塗刷蛋液細心塗抹在整個塔皮內側。放入預熱至180度C且拉開氣門的旋風烤箱中再烤焙4～5分鐘，讓蛋液完全熟透。

POINT 蛋液如果沒有完全乾燥熟透，塗刷蛋液的部分會於冷卻後變軟，甚至出現蛋腥味。

紅色水果凍 （12個分量）

- 草莓（冷凍·整顆）*1……140g
- 覆盆子（冷凍）……140g
- 精白砂糖*2……28g
- LM果膠*2……0.5g

*1 對半切開備用
*2 充分混合均勻備用

1 鍋裡放入草莓和覆盆子，以中火～大火加熱。解凍後放入裝有事先混合在一起的精白砂糖和LM果膠的料理盆中，以打蛋器充分混拌均勻。

POINT 草莓對半切開，比較容易出水。

POINT 這個步驟最重要的地方在於草莓和覆盆子恢復至室溫狀態後再添加精白砂糖和LM果膠。溫度過高或過低都容易導致果膠結塊。

組裝 1・烤焙

1 將紅色水果凍分成12等分，以湯匙舀取放入盲烤法式甜塔皮中。

2 排列在鋪有矽膠烘焙墊的烤盤上，放入預熱至180度C的旋風烤箱中烤焙20分鐘。脫模後置於室溫下冷卻。

栗子慕斯林奶油醬（12個分量）

· 法式奶油霜*1……120g
· 卡士達醬*2……180g
· 栗子膏*3……60g

*1 材料與製作方式請參照P.16「杏仁奶油蛋糕」。恢復至室溫備用
*2 材料與製作方式請參照P.25「聖托佩塔」。恢復至室溫備用
*3 以微波爐或隔水方式稍微加熱一下備用

1 將法式奶油霜和卡士達醬各自放入料理盆中攪拌至回軟。

2 取另外一只料理盆盛裝栗子膏，加入一半分量的法式奶油霜，用橡膠刮刀以按壓揉搓方式混拌均勻。

3 將 2 倒回盛裝法式奶油霜的料理盆中，以打蛋器攪拌至滑順均勻。

4 將卡士達醬加入 3 裡面，攪拌至滑順均勻。

組裝 2

1 待組裝1・烤焙-2完全冷卻後，以抹刀取30g栗子慕斯林奶油醬，像堆小山般讓中央部分隆起並調整成漂亮的山形。

栗子奶油（12個分量）

· 鮮奶油（乳脂肪含量38%）……180g
· 栗子醬……180g

1 鮮奶油和栗子膏倒入料理盆中混合在一起，將料理盆置於冰水上的同時，繼續攪拌至尖角挺立且能夠聚攏在一起的硬度。大約8分發的程度。

POINT 由於栗子膏的油脂含量高，容易出現油水分離現象，所以攪拌時務必將料理盆置於冰水上。但過度攪拌也會造成油水分離，請務必適度攪拌至8分發就好。

收尾

· 糖粉……適量
· 覆盆子……適量

1 將栗子奶油填入裝有蒙布朗多孔花嘴的擠花袋中。

2 以縱向畫螺旋的方式將 1 從頂端向下擠在組裝2-1的表面，大約30g。

3 用抹刀沿著烤模的外緣將側邊的栗子奶油抹平。

4 用濾茶網撒上糖粉，將2個切半的覆盆子擺在頂部，然後再撒一次糖粉。

焦化奶油
× 焦糖
「法式聖馬可蛋糕」

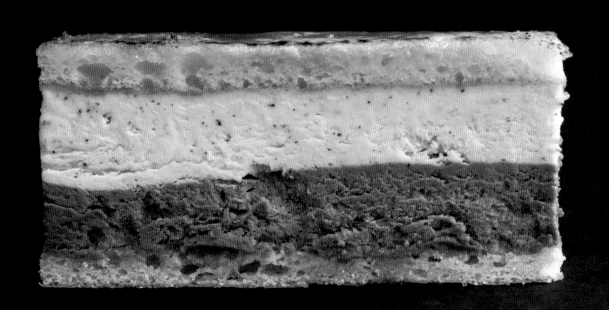

以生菓子的方式表現焦香奶油的香氣與色澤

基於想將熬煮奶油至焦化的焦化奶油活用於生菓子中，而完成了這道法式聖馬可蛋糕。讓海綿蛋糕頂部的焦糖味與焦化奶油的獨特色澤與香氣結合為一體。在香緹鮮奶油中添加融化奶油的手法，是來自於傳統甜點「馬郁蘭蛋糕」（P.124）的啟發。香緹鮮奶油中添加奶油，既可增加凝固力，也有助於維持形狀，更能享受到鮮奶油與具有咬感的麵體融合在一起的整體性。

巧克力慕斯中也添加焦化奶油，打造整體平衡

焦化奶油也運用於巧克力慕斯中，讓整體味道與個性更突出。乳脂肪含量高的鮮奶油容易出現油水分離現象，添加奶油後，由於脂肪含量更高，油水分離的風險也會隨之增高。但害怕油水分離而沒有充分打發的話，恐會導致口感不佳，味道也不夠紮實，所以進行打發作業時，務必細心且多費點心思。

輕微焦糖化，勿搶盡鋒頭

法式聖馬可蛋糕是一款在杏仁海綿蛋糕中夾層香草風味與巧克力風味奶油，然後頂部烤一層香脆焦糖的傳統甜點。充滿濃郁杏仁味的麵體搭配微苦的焦糖與入口即化的奶油，宛如協奏曲般的組合令人深深著迷。這裡刻意改為輕微焦糖化，為的是突顯焦化奶油的美味。與焦化奶油兩相襯托下，營造濃濃的焦糖風味。

裘康地杏仁海綿蛋糕體

（使用48×33×高5cm的方形框模2個／60個分量）

- 全蛋……360g
- 杏仁粉＊1……238g
- 糖粉＊1……213g
- 低筋麵粉＊1……71g
- 蛋白……267g
- 精白砂糖……90g
- 奶油＊2……106g

＊1 各自過篩混合在一起備用
＊2 融化並調溫至40度C

1 將全蛋倒入攪拌機的攪拌缸中，再倒入事先混合好的杏仁粉、糖粉、低筋麵粉，裝上打蛋頭並以低速運轉攪打。粉類不再四處飛濺後切換成中速運轉，攪拌至整體泛白且稍具黏稠度。

POINT 先放入低筋麵粉是為了充分攪拌以形成麵筋，確實打造麵團的骨架，烤焙時才能充分膨脹。而且就算吸飽糖漿，也不會因濕潤而變軟。攪拌時間約5分鐘。

2 取另外一只攪拌缸，倒入蛋白和1/3分量的精白砂糖，裝上打蛋頭並以低速運轉攪打。精白砂糖溶解後切換成中高速運轉，打發至飽含空氣且泛白後，將剩餘的精白砂糖分2次添加，繼續打發至有光澤且尖角挺立。

3 取1/3分量的 **2** 加進 **1** 裡面，用刮板以從盆底向上舀起的方式切拌均勻。

4 大致混合後，加入剩餘的蛋白霜，小心切拌均勻，不要戳破氣泡。

5 在稍微可見白色蛋白霜痕跡的狀態下加入融化奶油，以從盆底向上舀起的方式切拌均勻。攪拌至體積稍微變小且有光澤感。

6 在2個60×40cm的烤盤上鋪烤箱紙，然後各自擺上1個48×33×高5cm的方形框模。將麵糊平均倒入2個框模中，以L型抹刀平抹至厚度一致。

7 移除框模，在2個烤盤下各自再疊1個烤盤，然後放入預熱至250度C的烤爐中烤焙10分鐘。出爐後置於室溫下冷卻。

POINT 唯有移除框模，才能讓側面於烤焙時均勻上色。請記得移除框模後再放入烤箱。

糖漿（60個分量）

- 糖漿（30度波美糖漿）……180度
- 蘭姆酒……180g

1 將材料混合拌勻。

焦化奶油（容易製作的分量）

- 奶油……450g

1 鍋裡倒入奶油，以小火加熱。奶油融化後轉為中火，以打蛋器攪拌並讓奶油逐漸焦化。奶油沸騰、表面冒泡且逐漸轉為焦化褐色時關火。溫度大約為180度C。

POINT 目標為充滿焦香的顏色和味道。類似黑啤酒的顏色。

2 移至料理盆中，置於室溫下冷卻。重量減少17％，剩下375g左右。

巧克力慕斯・焦化奶油

（60個分量）

- 炸彈麵糊（以下計分量製作，取213g使用）
- 精白砂糖……222g
- 水……64g
- 蛋黃……150g
- 黑巧克力（可可含量71％）＊1……320g
- 香草莢醬……1.7g
- 鮮奶油（乳脂肪含量47％）……1000g
- 精白砂糖……120g
- 焦化奶油＊2……64g

＊1 融化並調溫至45度C
＊2 調溫至48度C

1 製作炸彈麵糊。鍋裡倒入精白砂糖和水，大火加熱熬煮至112度C。

2 料理盆中倒入蛋黃並打散成蛋液，將1慢慢注入並以打蛋器混拌均勻。

3 用錐形篩將2過濾至攪拌機的攪拌缸中。一般製作炸彈麵糊時，都會慢慢注入糖漿後以攪拌機打發，但店裡使用新鮮雞蛋，容易有繫帶混在裡面，因此改採用這種方式除去繫帶。

4 裝上打蛋頭，以中速運轉攪打。攪拌至泛白、流動速度變慢的黏稠狀態且溫度下降至26度C。

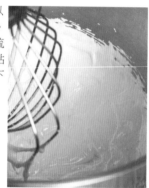

5 將香草莢醬倒入融化且調溫至45度C的巧克力中，以橡皮刮混拌均勻。

6 料理盆中倒入鮮奶油和精白砂糖，以打蛋器攪拌至6分發。提起打蛋器，鮮奶油緩緩滴落且堆積痕跡迅速消失的狀態就可以了。溫度大約是10度C。

7 將調溫至48度C的焦化奶油倒入5裡面，然後再加入4，用打蛋器以從盆底向上舀起的方式混拌均勻。

POINT 炸彈麵糊是添加鮮奶油之前的緩衝層。由於都使用溫熱材料，只需要充分攪拌就可以了。

8 將7加入6裡面。這項作業需要二個人共同合作，一個人負責注入巧克力，另外一個人負責以打蛋器迅速攪拌。

POINT 若慢慢注入巧克力，不僅容易出現斑駁不均的情況，也容易因為溫度下降而變硬。

POINT 加入冰冷鮮奶油後，為避免凝固，必須快速攪拌。如果只攪拌至整體均勻的狀態(照片上)就停止，雖然看似光滑柔順，卻不夠濃郁，也無法保持漂亮的形狀。所以務必確實攪拌至如照片下所示的狀態。

組裝

1 在鐵板上鋪烤箱紙，擺上一個48×33×高5cm的框模。將1片裘康地杏仁海綿蛋糕體以烤面朝下的方式放入框模中。

2 以毛刷取一半分量的糖漿塗抹在表面。

POINT 步驟1和2，請在製作巧克力慕斯之前完成。

3 將巧克力慕斯．焦化奶油倒入2裡面，以L型抹刀將奶油抹平。放入冷藏室裡冷卻凝固。

榛果香緹法式奶油霜 （60個分量）

- 鮮奶油（乳脂肪含量47%）……1000g
- 精白砂糖……110g
- 榛果法式奶油霜＊……110g

＊ 調溫至54度C

1 將鮮奶油和精白砂糖倒入料理盆中，以打蛋器打發至6分發。提起打蛋器時，緩緩滴落且堆疊痕跡會迅速消失的狀態。溫度大約10度C。

2 加入調溫至54度C的榛果法式奶油霜。這項作業需要二個人共同合作，一個人負責注入榛果法式奶油霜，另外一個人負責以打蛋器攪拌。

POINT 鮮奶油溫度過低容易變硬，但溫度過高，加入奶油時又容易產生油水分離現象。而奶油溫度過高也會產生同樣的情況。請務必遵照食譜指示調整鮮奶油和奶油的溫度。

3 以從盆底向上舀起的方式確實攪拌至如照片所示。看似油水分離也不需要過度在意。

POINT 在這個步驟中，若沒有確實攪拌，可能會有結塊的情形，請務必多加留意。雖然會充滿乳香味，卻沒有濃郁感，也難以保持完美的形狀。

4 塗抹在組裝-3上，以L型抹刀延展抹平。

5 取另外一片裹康地杏仁海綿蛋糕體，以烤面朝下的方式輕輕覆蓋在4上面。平放在砧板上。

6 以毛刷取剩餘的糖漿塗刷在整個表面，放入冷藏室裡冷卻凝固。

玩味不同素材的組合

收尾 （60個分量）

- 炸彈麵糊（製作巧克力慕斯後剩餘的部分）……100g
- 精白砂糖……適量

1 將榛果香緹法式奶油霜-6橫向置於砧板上，移除框模，用菜刀薄薄切掉兩側不工整的部位，然後分切成5塊，每塊9cm寬。

2 每一塊表面塗抹20g炸彈麵糊，以L型抹刀均勻塗抹至厚度一致。

POINT 由於麵體塗抹大量糖漿，直接撒上精白砂糖的話，容易因為焦糖化而溶解。塗抹炸彈麵糊的目的就是為了防止砂糖溶解。

3 將2橫向置於砧板上，用菜刀薄薄切掉兩側不工整的部位，然後分切成12塊，每塊2.7cm寬。

4 用瓦斯噴火槍炙燒一下，讓表面有些焦化。

5 撒上精白砂糖，再次使用瓦斯噴火槍炙燒使砂糖焦糖化。為了突顯榛果法式奶油霜的味道，稍微炙燒一下就好，勿讓焦糖味道過重。

葡萄柚 × 乳製品
「夏洛特葡萄柚奶油布丁」

新鮮果肉與糖漬果粒果醬的組合，
增加與巴伐利亞奶油乳香味的速配度

進入初夏後，一直想要製作一道以巴伐利亞奶油為主角，而且適合夏天享用，充滿清爽口感的小蛋糕，於是便有了這道夏洛特葡萄柚奶油布丁的誕生。將添加白酒的巴伐利亞奶油填入手指餅乾容器中，再以新鮮葡萄柚自製的糖漬葡萄柚果粒果醬澆淋在頂部。透過加熱新鮮果肉將水果美味完全濃縮，有助於增加與巴伐利亞奶油乳香味的契合度。製作糖度低且流動性高的糖漬果粒果醬，避免甜味過於搶鋒頭。

手指餅乾＊

＊ 麵糊材料和製作方式請參照P.179「夏洛特白酒蛋糕」。將麵糊填入裝有口徑13mm圓形花嘴的擠花袋中，在鋪有烤箱紙的烤盤上擠5cm長的橢圓形，這是用於黏貼在蛋糕主體的側面，1個蛋糕主體需要7塊手指餅乾。接著將剩餘的麵糊填入裝有口徑9mm圓形花嘴的擠花袋中，在烤盤上擠直徑5cm的圓形。圓形麵糊作為鋪底用。以濾茶網在側面用麵糊上薄薄撒上糖粉，融解後再撒一次。將側面麵糊和麵糊放入預熱至200度C且拉開氣門的烤爐中烤焙12分鐘。出爐後置於室溫下放涼。

糖漿（30個分量）

- 糖漿（30度波美糖漿）……100g
- 葡萄柚汁……200g

1 將材料混合攪拌均勻。

糖漬葡萄柚果粒果醬
（容易製作的分量）

- 葡萄柚……4顆
- 精白砂糖……適量

1 葡萄柚去除果皮和白膜，取出果肉。從白膜搾取葡萄柚汁。準備果肉和果汁總重量之60％的精白砂糖。

2 將1倒入鍋裡，以小火加熱並以打蛋器搗碎果肉。果肉解體且充分流出果汁後，轉為中火。沸騰後繼續加熱並攪拌，3分鐘後關火並移至料理盆中。將料理盆置於冰水上，持續攪拌冷卻，稍微變涼後覆蓋保鮮膜並使其緊貼於表面，放入冷藏室裡冷卻。

巴伐利亞奶油（30個分量）

- 蛋黃……240g
- 精白砂糖……140g
- 牛奶……650g
- 片狀明膠＊1……30g
- 白酒（不甜）……60g
- 鮮奶油（乳脂肪含量47％）＊2……1000g

＊1 浸泡冷水膨脹軟化並倒掉多餘的水
＊2 放入冷藏室裡冷卻備用

1 製作英式蛋奶醬。料理盆裡倒入蛋黃和精白砂糖，用打蛋器以摩擦盆底的方式攪拌。

2 鍋裡倒入牛奶，大火加熱至60～70度C後，將1注入的同時持續攪拌。

3 轉為中火並以橡膠刮刀攪拌，熬煮至82～83度C且呈黏稠狀。

4 關火並以錐形篩過濾至料理盆中。加入浸泡冷水膨脹軟化的片狀明膠，將料理盆置於冰水上並攪拌均勻。加入白酒後常攪拌，讓溫度下降至22～23度C。

5 4的英式蛋奶醬冷卻期間，將鮮奶油倒入攪拌機的攪拌缸中，打發至6分發並暫時放入冷藏室裡冷卻備用。

6 英式蛋奶醬達適當溫度後，從冰水中取出料理盆。自冷藏室取出冷卻備用的鮮奶油，以打蛋器打發成9分發的不加糖純打發鮮奶油。

7 取1/4分量的純打發鮮奶油加入英式蛋奶醬中，以打蛋器混拌均勻。大致混合在一起後，分2次倒回裝有純打發鮮奶油的料理盆中，每一次都要攪拌均勻。最後改用橡膠刮刀，以從盆底向上舀起的方式混拌均勻。

組裝（使用直徑5.5×高5cm圓形圈模＊）

＊ 排列於鋪有OPP透明薄膜的鐵板上並置涼

1 顛倒組裝。將巴伐利亞奶油填入裝有口徑15mm圓形花嘴的擠花袋中，然後擠入事先準備好的圓形圈模中，約9分滿的高度。

2 將底部用的手指餅乾以烤面朝下的方式擺在1上面。放入冷凍庫冷卻凝固。

收尾

- 葡萄柚果肉（白肉葡萄柚、紅肉葡萄柚）……適量

1 用瓦斯噴火槍溫熱組裝-2的圈模側面以利脫模，然後以上下顛倒的方式置於砧板上。

2 將黏貼於側面的手指餅乾以烤面朝下的方式排列於砧板上，以毛刷塗抹糖漿。

3 將2以烤面朝向外側的方式黏於1的側面，共黏貼7個。

4 將切塊的葡萄柚果肉和糖漬葡萄柚果粒果醬混合在一起，然後擺在3的頂部，約40g分量。

核桃 × 肉桂 × 香蕉
「多菲內蛋糕」

讓帶薄皮核桃的淡淡苦澀
融入副材料的味道與口感中

同樣是核桃蛋糕，但製作方式不同於第6章介紹的「咖啡核桃蛋糕」。在法式甜塔皮裡填入充滿厚重感，法國格勒諾布爾城市出產的生核桃（連皮切細碎使用）。而處理肉桂時，為了突顯肉桂特殊香氣，於烘烤後立刻短暫泡於水中，然後置於冷藏室裡1晚，增加肉桂的獨特香味與口感。夾層以奶油含量多的慕斯林奶油醬為主，搭配店裡自製的核桃果仁糖。奶油的乳香稍稍減緩核桃的苦澀，再加上夾在慕斯林奶油醬中的焦糖香蕉，事先以烤箱加熱讓水分蒸發，不僅增添了Q彈的豐富口感，也提高了蛋糕各部位之間的契合度。

勝利堅果餅 （96片／32個分量）

- A ・杏仁粉……360g
    - ・糖粉……396g
    - ・帶皮核桃（法國格勒諾布爾產）……360g
    - ・肉桂棒……30g
- ・蛋白……480g
- ・精白砂糖……198g
- ・糖粉……適量

1 將 A 倒入Robot-Coupe食物調理機中攪碎。過篩後將剩餘的食材再次以調理機攪碎。重覆同樣步驟，直到食材都變成粉末狀。

2 攪拌機的攪拌缸裡倒入蛋白和1/4分量的精白砂糖，以中～高速運轉打發。飽含空氣且泛白後，將剩餘的精白砂糖分2次添加，繼續打發至有光澤感且尖角挺立。

3 將 1 加入 2 裡面，以橡膠刮刀切拌均勻。

4 將 3 填入裝有口徑6mm圓形花嘴的擠花袋中。在鋪有烤箱紙的烤盤上擠96個圓形，從中心點出發的漩渦狀圓形，直徑約6cm。

5 以濾茶網撒上糖粉，放入預熱至180度C且拉開氣門的烤爐中，烤焙23分鐘。

6 出爐後立刻放入裝好水（分量外）的料理盆中，然後放入冷藏室靜置1晚。

焦糖香蕉 （32個分量）

- ・香蕉（淨重）……840g
- ・檸檬汁……42g
- ・精白砂糖……140g
- ・蘭姆酒……35g

1 將香蕉切成5mm厚片狀，浸泡在檸檬汁裡。

2 在平底鍋裡倒入精白砂糖，大火加熱的同時以木鏟攪拌均勻。精白砂糖融解、冒出細微泡沫且變成深褐色後關火，然後將 1 倒進去混合在一起。添加蘭姆酒。

3 排列在鋪有烤箱紙的烤盤上，放入預熱至130度C的烤爐中烤焙20～30分鐘。

核桃慕斯林奶油醬 （32個分量）

- ・法式奶油霜＊1……1000g
- ・核桃果仁糖＊2……200g
- ・卡士達醬＊3……333g

＊1 材料與製作方式請參照P.16「杏仁奶油蛋糕」
＊2 材料與製作方式請參照P.174「咖啡核桃蛋糕」
＊3 材料與製作方式請參照P.25「聖托佩塔」

1 將法式奶油霜和核桃果仁糖各自恢復至室溫。卡士達醬則繼續放在冷藏室裡備用。

2 將核桃果仁糖和法式奶油霜倒入料理盆中，以橡膠刮刀充分混拌均勻。

3 將拌勻的法式奶油霜倒入攪拌機的攪拌缸中，裝上扁平攪拌頭，以低速運轉攪拌至飽含空氣。加入 2 後持續攪拌至整體均勻一致。

組裝 （使用直徑6.5×高3cm的圓形圈模）

1 將直徑6.5×高3cm的圓形圈模擺在鋪有烤箱紙的鐵板上，將1片勝利堅果餅以烤面朝下的方式放入圈模中。1個成品使用3片勝利堅果餅。

2 將核桃慕斯林奶油醬填入裝有口徑12mm圓形花嘴的擠花袋中，在每一個 1 上面擠20g奶油醬。

3 以烤面朝上的方式將第2片勝利堅果餅覆蓋在 2 上面，然後再擠10g的核桃慕斯林奶油醬，接著以湯匙舀取15g焦糖香蕉置於奶油醬上。最後再擠核桃慕斯林奶油醬至圈模的高度，以L型抹刀刮平。

4 以烤面朝上的方式覆蓋第3片勝利堅果餅。放入冷凍庫裡冷卻變硬。

收尾

- ・勝利堅果餅（敲碎）……適量
- ・外交官奶油（黏著用）＊……適量
- ・香蕉……適量
- ・精白砂糖……適量

＊ 以卡士達醬和卡士達醬用量之30%的香緹鮮奶油（乳脂肪含量47%之鮮奶油加10%重量的砂糖，打發至9分發）混合調製而成

1 自冷凍庫取出組裝- 4，以瓦斯噴火槍溫熱圓形圈模以利脫模。

2 用手取敲碎的勝利堅果餅撒在側面。

3 在頂部擠外交官奶油，鋪上切塊香蕉並撒些精白砂糖，然後以瓦斯噴火槍炙燒使其焦糖化。

榛果 × 鮮奶油 × 奶油 「馬郁蘭蛋糕」

承襲古典，以細節展現獨創性
透過強調榛果來打造整體和諧

馬郁蘭蛋糕誕生於一家位於法國里昂郊區的「Pyamide餐廳」，是法國傳承超過半世紀的古典傳統甜點。烤焙到質地乾燥，再靜置1晚讓充滿榛果風味的蛋糕體變軟。中間夾層以融化奶油製作2種既濃郁又能保持完整形狀的香緹鮮奶油。

完成基本架構後，搭配烤焙至充滿芳香堅果味的自製榛果糖，再加上先前添加在麵糊裡的帶皮碎杏仁，讓口感層次更加豐富。藉由突顯榛果的香氣與口感，在榛果與香緹鮮奶油之間打造平衡與和諧。

馬郁蘭蛋糕體
（使用60×40cm烤盤3片／44個分量）

- 帶皮榛果＊1……357g
- 帶皮杏仁（西班牙MARCONA杏仁）＊1……357g
- 精白砂糖A……450g
- 低筋麵粉＊2……55g
- 蛋白……490g
- 精白砂糖B……143g

＊1 放入預熱至180度C的烤箱中烘烤10～15分鐘備用
＊2 過篩備用

1 將烘烤過的榛果、杏仁和精白砂糖A倒入Robot-Coupe食物調理機中攪碎。過篩後剩下的粗顆粒，再次倒入調理機中攪碎。

2 將1和過篩備用的低筋麵粉倒入料理盆中攪拌均勻。

3 將蛋白和1/3分量的精白砂糖B倒入攪拌機的攪拌缸中，裝上打蛋頭，以低速運轉攪打。精白砂糖溶解後切換成中高速運轉打發，整體飽含空氣且泛白後，將剩餘的精白砂糖分2次添加。繼續打發至有光澤感且尖角挺立。

4 將2加入3裡面，用橡膠刮刀以從盆底向上舀起的方式混拌均勻。攪拌至體積略減且有光澤感。

5 將4平均倒入3塊鋪有矽膠烘焙墊的60×40cm烤盤上，以L型抹刀推開並平抹至厚度一致。

6 放入預熱至190度C的旋風烤箱中烤焙20分鐘。趁熱以噴霧瓶在表面噴水以保持濕潤，稍微放涼後靜置於冷藏室中1晚。

甘納許（44個分量）

- 黑巧克力（可可含量71%）＊……275g
- 鮮奶油（乳脂肪含量38%）……225g
- 牛奶……55g

1 黑巧克力倒入料理盆中，靜置融化至一半的程度。

2 鍋裡倒入鮮奶油和牛奶，中火加熱至沸騰。注入1裡面，以打蛋器充分攪拌至乳化。

組裝 1（使用38×29.5×高5cm的方形框模）

1 將3片馬郁蘭蛋糕體各自以烤面朝上的方式橫向擺在砧板上，用菜刀將長邊縱向切成兩半。

2 取1的其中3片，將甘納許分成3等分塗抹在表面，並以L型抹刀薄薄平抹。

3 將沒有任何塗料的其他3片馬郁蘭蛋糕體以烤面朝下的方式各自覆蓋在2上面，輕壓使其貼合。這樣就完成3組以甘納許為夾層的馬郁蘭蛋糕。

4 在鐵板上鋪一張烤箱紙，再擺上38×29.5×高5cm的方形框模，取3的其中一組放入框模中。

榛果香緹法式奶油霜（44個分量）

- 鮮奶油（乳脂肪含量38%）……675g
- 精白砂糖……88.5g
- 榛果糖（自製）……100g
- 奶油＊……60g

＊ 融化調溫至60度C備用

1 將鮮奶油和精白砂糖倒入料理盆中，以打蛋器打發至6分發。提起打蛋器時鮮奶油緩緩滴落，堆疊痕跡很快就消失的狀態。加入榛果糖混合在一起。溫度大約10度C。

2 加入調溫至60度C的奶油。這項作業必須由二個人共同合作。一個人負責添加奶油，另外一個人負責用打蛋器以從盆底向上舀起的方式確實混拌均勻。看似油水分離也無須過度在意。

3 將2倒入組裝1-4中，以L型抹刀平抹均勻。

4 將第2組馬郁蘭蛋糕覆蓋在3上面，用手輕壓使其貼合。靜置冷藏室中冷卻凝固。

香緹法式奶油霜（44個分量）

- 鮮奶油（乳脂肪含量47%）……675g
- 精白砂糖……75g
- 奶油＊……75g

＊ 融化調溫至60度C備用

1 將鮮奶油和精白砂糖倒入料理盆中，以打蛋器打發至6分發。提起打蛋器時鮮奶油緩緩滴落，堆疊痕跡很快就消失的狀態。溫度大約10度C。

2 加入調溫至60度C的奶油。這項作業必須由二個人共同合作。一個人負責添加奶油，另外一個人負責用打蛋器以從盆底向上舀起的方式確實混拌均勻。看似油水分離也無須過度在意。

3 將2鋪在榛果香緹法式奶油霜-4上，以L型抹刀平抹均勻。

4　將第3組的馬郁蘭蛋糕覆蓋在 *3* 上面，用手輕壓
使其貼合。平放於砧板上，然後再放入冷藏室中
冷卻凝固。

收尾

· 糖粉……適量

1　將榛果香緹奶油- *4* 橫向擺在砧板上，移除框
模。以瓦斯噴火槍溫熱菜刀，薄薄切掉兩端不工
整的部分，然後分切成4塊，每塊約9cm寬。

2　將 *1* 橫向擺放，同樣薄薄切掉兩端不工整的部
分，然後分切成11份，每份2.6cm寬。

3　在頂部中央放一張紙，僅在兩側以濾茶網輕撒糖
粉。

起司 × 蜂蜜 × 紅酒 × 無花果 「蜂蜜起司慕斯」

以酒精打造清爽感的新型態起司蛋糕。
堆疊數種食材,追求整體一致的美味

基於想增加店裡櫥櫃中起司類小蛋糕的種類而構思的甜點。以奶油起司慕斯為主角,再以加法方式構思這種與眾不同的味道。製作慕斯時,使用法國香檳區生產,充滿清爽甜味與香氣,而且具有一定濃郁度的蜂蜜增加甘甜味,另外搭配使用葡萄渣製作的蒸餾酒-果渣白蘭地來增添醇美香氣。堆疊紅酒與無花果,透過酒精打造鮮明的清爽口感,再以融合紅酒的無花果妝點於頂部。無花果與起司的美味兩相烘托,更顯光彩。

家常傑諾瓦士蛋糕 *

* 材料與製作方式請參照P.10「雪利酒蛋糕」。將麵團倒入38×29.5×高5cm方形框模中，放入預熱至190度C的烤爐後，立刻調降溫度至170度C，拉開氣門狀態下烤焙45分鐘。準備2片5mm厚的家常傑諾瓦士蛋糕

原味酥餅 *

* 材料與製作方式請參照P.146「楓糖起司慕斯」。將麵團延展成3.3mm厚度，在麵皮上打孔，以38×29.5×高5cm方形框模壓成方形麵皮。置於鋪有矽膠烘焙墊的烤盤上，放入預熱至180度C的旋風烤箱中烤焙40分鐘

糖漬杏桃果粒果醬 （容易製作的分量）

· 杏桃果泥……1000g
· 精白砂糖 *……800g
· LM果膠 *……25g
* 充分混合在一起

1 鍋裡倒入杏桃果泥、混合在一起的精白砂糖和LM果膠，大火加熱並以打蛋器攪拌。

2 精白砂糖融解且沸騰後關火，移至料理盆中。稍微放涼後覆蓋保鮮膜並使其緊密貼合於表面，放入冷藏室裡冷卻。

組裝 1

1 將原味酥餅以烤面朝下的方式擺在工作檯上，以L型抹刀取200g糖漬杏桃果粒果醬薄薄塗抹，然後覆蓋1片家常傑諾瓦士蛋糕，輕壓貼合。

糖漬無花果 （44個分量）

· 紅酒（高單寧）……105g
· 糖漿（30度波美糖漿）……87g
· 精白砂糖 *1……21g
· LM果膠 *1……0.6g
· 檸檬汁……1.75g
· 無花果乾 *2……6個
*1 充分混合在一起備用
*2 用剪刀剪成一口大小備用

1 鍋裡倒入紅酒、糖漿、混合在一起的精白砂糖和LM果膠，中火加熱熬煮並以打蛋器攪拌以避免結塊。沸騰後倒入檸檬汁並關火。

2 將1注入裝有無花果乾的料理盆中。稍微放涼後覆蓋保鮮膜並使其緊密貼合於表面，放入冷藏室裡冷卻。

紅酒凍

（使用38×29.5×高5cm方形框模1個／44個分量）

· 無花果泥……330g
· 紅酒（高單寧）……200g
· 精白砂糖 *……30g
· LM果膠 *……10g
* 充分混合在一起備用

1 在鐵板上鋪一張OPP透明薄膜，再擺上38×29.5×高5cm的方形框模。

2 鍋裡倒入無花果泥和紅酒，中火加熱至沸騰後，倒入事先混合在一起的精白砂糖和LM果膠，持打蛋器不斷攪拌以避免結塊。再次沸騰後關火。

3 將2注入1裡面，然後覆蓋1片家常傑諾瓦士蛋糕。放入冷藏室裡冷卻凝固。

蜂蜜楓糖慕斯 （44個分量）

· 義式蛋白霜
  · 精白砂糖……280g
  · 水……90g
  · 蛋白……140g
  · 蜂蜜（法國香檳區產）……100g
· 蛋黃……240g
· 蜂蜜（法國香檳區產）……100g
· 牛奶……500g
· 片狀明膠 *1……31g
· 奶油乳酪（Bel「Kiri」） *2……500g
· 果渣白蘭地……31g
· 鮮奶油（乳脂肪含量47％和38％同比例混合在一起） *3……600g
*1 浸泡冷水膨脹軟化並倒掉多餘的水
*2 置於室溫下回軟備用
*3 打發至6分發，放入冷藏室冷卻備用

1 製作義式蛋白霜。鍋裡倒入精白砂糖和水，大火加熱熬煮至118～120度C。

2 1沸騰後，將蛋白倒入攪拌機的攪拌缸中，以中高速運轉打發。同時間取另外一只鍋子倒入蜂蜜，大火加熱熬煮至135度C。

3 打發蛋白至體積膨脹鬆軟且泛白後，切換成低速運轉，將1沿著攪拌缸內側面緩緩注入。

4 切換成中高速運轉，再次打發。出現光澤感且確實留有打蛋頭痕跡後切換成低速運轉，少量逐次倒入熬煮至135度C的蜂蜜。

5 再次切換成中高速運轉，攪拌至以打蛋頭撈起時，尖角挺立，而且溫度下降至跟人體皮膚溫度差不多。將蛋白霜移至料理盆中，以刮刀稍微攤平，放入冷藏室裡冷卻降溫至15度C。

6 製作起司基底。料理盆中倒入蛋黃和蜂蜜，以打蛋器混拌均勻。

7　鍋裡倒入牛奶，大火加熱至60～70度C，以打蛋器攪拌時，將 6 倒進來。

8　轉為中火，以橡膠刮刀攪拌並熬煮至82～83度C且呈黏稠狀。

9　加入確實瀝乾水的片狀明膠，攪拌後以錐形篩過濾至裝有奶油乳酪的料理盆中，充分攪拌均勻。稍微放涼後，倒入果渣白蘭地，將料理盆置於冰水上，經常攪拌讓溫度下降至22～23度C。

10　打發至6分發，然後自冷藏室取出冷卻備用的鮮奶油，以打蛋器打發成9分發的不加糖純打發鮮奶油。

11　取1/4分量的純打發鮮奶油倒入 9 裡面，以打蛋器攪拌。大致拌勻後，分2次倒回裝有純打發鮮奶油的料理盆中，每一次都要攪拌均勻。

12　自冷藏室取出義式蛋白霜，以橡膠刮刀攪拌至沒有結塊。全部倒入 11 裡面，用打蛋器以從盆底向上舀起的方式混拌均勻。

組裝 2

1　將蜂蜜起司慕斯倒入紅酒凍- 3 中，以L型抹刀抹平。

2　將組裝1- 1 的家常傑諾瓦士蛋糕那一面朝下，然後鋪在 1 上面，輕壓使其貼合。放入冷凍庫冷卻凝固。

收尾

・透明果凍膠…100g
・熱水…60g

1　自冷凍庫取出組裝2- 2，以上下顛倒的方式置於工作檯上，用瓦斯噴火槍溫熱框模側面以利脫模。

2　再以瓦斯噴火槍溫熱菜刀，切掉兩端不工整的部分，然後分切成44塊7.5×3.45cm的大小。

3　將透明果凍膠和熱水充分攪拌均勻。

4　以毛刷取 3 塗刷在 2 頂部，最後各擺上2個糖漬無花果。

砂糖糕點的樂趣

自2021年秋天起至初春，我們店裡決定推出季節限定的糖果糕點。糖果糕點是砂糖菓子的統稱，算是法式甜點的一種。包含糖果、夾心糖、牛奶糖、法式水果軟糖、棉花糖、糖漬水果等各式各樣的種類。

我之所以對糖果糕點產生興趣，並非受到法式甜點的影響，而是朋友外出旅遊時，帶回來送我的土產－島根縣出雲市的名產生薑糖。將薑汁和糖漿熬煮至結晶化，算是日式糖果糕點。隨著清脆口感而來的是生薑的辣味與砂糖的甜味，辣中帶甜的絕妙好滋味，一放入口中，清爽感瞬間蔓延。只需要生薑與砂糖2種材料，製作過程也非常簡單，但萬萬沒想到竟然可以做出完成度如此高的甜點，我對這個味道相當有興趣，於是便決定自己親手製作。

基於添加檸檬汁後，日式生薑糖也能變成法式甜點的想法，我開始嘗試挑戰。但完全沒料到這竟然是一場超乎我想像的苦戰。檸檬酸和糖漿結合後會產生水解反應，而且不會再次結晶化，而是直接呈現水飴狀態。為了避免這種情況發生，必須適度控制檸檬汁的用量，但這麼一來，實在難以達到我理想中的味道。於是，我將熬煮糖漿的溫度、添加檸檬汁的時機、混拌方式、整體水分用量等所有模式全部嘗試一遍。我想我大概花了3年多的時間才完成能夠真正商品化的「檸檬生薑餅」（照片中央）。在我的人生中，從來沒有像這樣認真和砂糖交戰的經驗，砂糖的樂趣深深吸引了我。而我也為了進一步探究砂糖的奧妙，開始認真埋首研究砂糖糕點。

目前已經商品化的砂糖糕點有8種。（由左上順時針依序為）「牛軋糖」、「艾格佩斯果仁糖」、「榛果果仁糖」、「尼格斯焦糖」、「沙沙三角脆糖」、「粽形糖」、「法式棉花糖」。以傳統食譜為根基，再另外添加自己的獨特創意。

以砂糖為基底的砂糖糕點之所以有趣，關鍵就在於砂糖的再次結晶。熬煮砂糖類和水等結合在一起的打底液體時，再結晶的狀態會依溫度、糖度、添加的副材料而有所不同。另外，不同的成形方式也可以打造出不同的味道與口感。

舉例來說，製作沙沙三角脆糖時，透過拉糖打造層次感並塑形成宛如粽子的獨特三角錐形狀，口感也會因此變得清脆且帶有沙沙的感覺。另外像是泥格斯焦糖，以類似鼈甲糖（黃金糖）味道的硬糖包覆焦糖，但焦糖變硬的話，容易破壞整體的協調性，因此熬煮時要格外留意焦糖的熬煮程度。當周圍的硬糖慢慢融解，在口中逐漸蔓延的焦糖味格外令人著迷。

平常店裡約有18種小蛋糕和4種一般尺寸的蛋糕。自開業以來，種類數量幾乎沒有改變，但除了數種招牌甜點外，也會不定期推出新品。一旁的冷凍櫥窗中，也販售店裡自製的冰淇淋。

5

衝擊性「口感」是關鍵所在

蘋果 **充滿彈性的口感，**

令 人 留 下 深 刻 印 象

「**焦糖反烤蘋果塔**」

蘋果先蒸熟，整體均勻受熱

焦糖的濃縮美味有助於讓加熱後的蘋果甜味和酸味更加突出，這也是焦糖反烤蘋果塔的最大特色。這款甜點的成敗與否，取決於蘋果的口感。過度燜煮會變成糖漬果粒果醬的狀態，而燜煮不夠會導致蘋果口感過於強烈，製作出來的成品都稱不上是真正的美味「焦糖反烤蘋果塔」。務必讓蘋果的口感介於二者之間。蘋果經加熱後不容易變形，而且為了配合焦糖的味道，選擇帶有適度酸味的紅玉蘋果。先將蘋果和精白砂糖混合在一起蒸熟，然後再放入烤箱中烤焙。這樣才能使蘋果整體均勻受熱，打造完美的口感，也才能確實吸收焦糖的味道與香氣。

塗刷萃取蘋果果膠的糖漿後烤焙

製作焦糖反烤蘋果塔時最重要的一點，就是事前處理蘋果時去除的蘋果核和蘋果皮，要連同蒸煮蘋果時產生的水分一起熬煮，然後製作成萃取蘋果果膠的糖漿。將糖漿塗刷於蘋果塔後，再放入烤箱中烤焙。我希望大家在享用時，插入叉子的那瞬間，不會有蘋果各自分離的感覺，而是整體緊緊相扣的狀態。基於這種想法，我設計了這樣的製作方式。在烤焙過程中，糖漿的黏稠度成了天然凝固劑，除了將每一塊蘋果相黏在一起，也有助於預防長時間烹煮時變形散落。

法式酥脆塔皮 （容易製作的分量）

- 低筋麵粉＊1……1000g
- 精白砂糖＊1……20g
- 鹽＊1……25g
- 奶油＊2……550g
- 蛋黃＊3……60g
- 醋＊3……20g
- 冷水＊3……180g

＊1 低筋麵粉過篩，與其他材料混合一起後放入冷藏室裡冷卻備用
＊2 切成2cm立方塊冷卻備用
＊3 混合在一起並冷卻備用

1 將事先混合並冷卻備用的低筋麵粉、精白砂糖、鹽，以及切成2cm立方塊的奶油倒入攪拌機的攪拌缸中。用手將麵粉撒在一塊一塊的奶油上。

2 裝上扁平攪拌頭，以低速運轉攪打。

3 奶油散開後，將事先混合並冷卻備用的蛋黃、醋和水分3次添加，每一次都攪拌均勻。

POINT 希望能夠做出像千層酥皮一樣有好幾層的狀態，因此多少留有顆粒狀的奶油也沒關係。這時候奶油和麵粉如果過度混合在一起，反而無法做出千層酥皮的感覺。

POINT 若將水一次全部倒進去，會導致部分麵團過於黏稠，所以務必少量逐次添加。

4 整體呈黃色且開始成團時，關掉攪拌機，多少殘留粉末狀也沒關係。奶油塊呈肉鬆狀。

5 將 4 置於工作檯上，以按壓方式用手揉成團。

6 覆蓋保鮮膜並調整成厚度大約3cm。靜置於冷藏室1晚。

7 撒上手粉（分量外），以壓麵機擀成2.5mm厚。在麵皮上打孔，然後以直徑22cm圈模壓成圓形麵皮。擺在鋪有網狀烘焙墊的烤盤上，上方覆蓋一張烤箱紙，為了避免塔皮凹凸不平，烤箱紙上面再壓上一個烤盤。放入預熱至180度C的旋風烤箱中烤焙30分鐘。出爐後置於室溫下放涼。

焦糖蘋果 （使用直徑24×高4cm銅製

上寬下窄圓形扁平烤模（moule à manqué）／1個分量）

- 蘋果（紅玉）＊1……12顆（去皮和去核後2000g）
- 精白砂糖A＊2……250g
- 烤模用奶油……適量
- 精白砂糖B……80g

＊1 蘋果皮也是材料，請洗乾淨
＊2 約蘋果重量的1/8

1 蘋果削皮，縱向切成4等分。以水果刀切除蘋果核和籽。如果沒有將籽剔除乾淨，蒸煮後之後，籽附近的果肉會因為硬硬的而影響口感。請務必以水果刀剔除乾淨。

2 蘋果皮、蘋果核和蘋果籽要製作成糖漿，請事先放入鍋裡。

3 為避免蘋果氧化變色，處理過程中請先浸泡在濃度2%的鹽水（分量外）裡。

4 將3的蘋果瀝乾後倒入銅鍋裡，加入精白砂糖A，以鐵板等作為鍋蓋，然後以稍弱的中火加熱。蒸煮20分鐘左右讓蘋果出水。

POINT 為了讓蘋果充分出水，使用蓋上鍋蓋的蒸煮方式。

5 製作鋪於烤模底部的焦糖。在直徑24×高4cm的上寬下窄圓形扁平銅製烤模內薄薄塗抹一層烤模用奶油。鍋裡倒入精白砂糖B，大火加熱並以木鏟攪拌。熬煮至精白砂糖融解、冒出細泡且轉為深褐色後（溫度約170～180度C）自火爐上移開，然後倒入抹好奶油備用的烤模中。靜置冷卻凝固。

6 當4的蘋果水分積於鍋底且開始冒泡沸騰後，拿掉鍋蓋並關火。

POINT 這時候蘋果均勻受熱，放入烤箱烤焙時也才能均勻上色，比較不會有斑駁不均的情況發生。

7 在裝有蘋果皮、蘋果核和蘋果籽的2鍋子上放一個濾網，將6熬煮的汁液倒入鍋裡。

8 將蘋果連同濾網置於料理盆上，靜置冷卻到能夠徒手拿取蘋果。冷卻期間滴落至料理盆中的汁液將用於之後的烤焙作業中，請不要丟棄。

9 熬煮7製作糖漿。蓋上鍋蓋並以中火加熱20分鐘。果皮和果核都變軟後，拿掉鍋蓋並以橡膠刮刀攪拌，繼續熬煮5分鐘，直到果皮裡的色素都融入糖漿裡。

10 取一個料理盆，擺上濾網，倒入9，然後以烤模等用力按壓果皮和果核，確實過濾糖漿。

11 8的蘋果冷卻後，排列在已經注入焦糖的烤模中。先沿著烤模周圍排列，由於脫模之後，這個部位會是蘋果塔的表面，所以盡量挑選形狀漂亮且完整的蘋果。

12 接著第二層蘋果也是以放射狀方式排列，然後依序將蘋果排列至中間部分。排列到頂部有點向上隆起的感覺。

POINT 基於烤焙過程中，蘋果會因為水分蒸發而稍微縮水，所以排列蘋果時要盡量將空隙塞滿。出爐後的蘋果塔外觀取決於蘋果的排列方式，所以最初沿著烤模周圍排列蘋果的步驟非常重要。

13 將步驟 8 中滴落在料理盆中的汁液淋在上面。

14 將 13 擺在鋪有2層矽膠烘焙墊的烤盤上，烤盤底下再疊一個烤盤，放入預熱至160度C且拉開氣門的烤爐中，烤焙3個小時。烤焙過程中，每隔30分鐘用毛刷取 10 的糖漿塗刷於表面。繼續烤焙7個小時。表面上色後，取另外一個同樣形狀的烤模壓於上方，這樣能夠使成品的表面不會凹凸不平。

POINT 烤焙時若沒有拉開氣門，會因為蒸氣悶在裡面，水分無法蒸發而導致蘋果變得過軟，這樣反而會變成糖漬蘋果的口感。

POINT 將糖漿全部使用完畢。之所以每隔30分鐘塗刷一次，是因為大概30分鐘左右時，表面會開始變乾，正好是塗刷糖漿的好時機。如果完全變乾後才塗刷糖漿，無法打造糖漿與蘋果融為一體的感覺，請務必確實遵照時間完成每一個步驟。

15 10小時後關掉烤箱，但不要立即取出，靜置於烤箱中1晚，讓蘋果塔的溫度慢慢下降。

16 隔天若發現有些許濕潤的感覺，就再以160度C烤焙10分鐘，讓水分蒸發。出爐後置於室溫下放涼，稍微冷卻後再放入冷凍庫中冷卻凝固。

蘋果白蘭地香緹鮮奶油
（分成12等分後取8等分使用）

- 鮮奶油（乳脂肪含量47%）……100g
- 精白砂糖……15g
- 蘋果白蘭地……10g

1 料理盆中倒入所有材料，然後將料理盆置於冰水上，以打蛋器打發至尖角挺立的9分發。

組裝・收尾

- 精白砂糖……適量

1 將法式酥脆塔皮以烤面朝下的方式扣在焦糖蘋果-16上面，用手輕壓使其緊密貼合。

2 用瓦斯噴火槍溫熱烤模側面與邊角，以倒扣方式脫模。

3 趁冷凍狀態，以菜刀分切成12等分。若表面有水滴殘留，請以瓦斯噴火槍炙燒一下，讓水分蒸發。

4 撒上精白砂糖，再以瓦斯噴火槍炙燒讓精白砂糖焦糖化。同樣步驟進行2次。

POINT 讓精白砂糖完全焦化，更添焦糖風味。

5 以湯匙舀取蘋果白蘭地香緹鮮奶油，塑形成肉丸子狀，然後擺在頂部作為裝飾。

法式蛋白霜
入口即化
「黑醋栗希布斯特」

使用順口且入口即化的法式蛋白霜

用於製作希布斯特的希布斯特奶油餡是使用卡士達醬加蛋白霜製作而成，由於充滿奶蛋香和蛋白霜的氣泡，所以最大特色就是輕盈、入口即化又爽口。一般製作希布斯特奶油餡都是添加義式蛋白霜，但本店嘗試改用法式蛋白霜。雖然法式蛋白霜的氣泡穩定性較差且容易變形，但相對能夠完成順口、輕盈且入口即化的口感。

勿攪拌過度，避免蛋白霜消泡

製作希布斯特奶油餡的重要關鍵在於卡士達醬和蛋白霜的混合方式。法式蛋白霜容易消泡，務必注意打發方式和混合時的溫度。混拌至依稀留有蛋白霜白色痕跡的狀態即停止是非常重要的注意事項。勿混拌過度，才能打造鬆軟，短暫卻夢幻的口感。

日本產黑醋栗鮮嫩又飽水

法式蛋白霜的輕盈口感真的非常適合夏天享用。由於每年夏季都能輕鬆入手黑醋栗，於是我便想到蛋白霜與黑醋栗這個組合。製作卡士達醬必須使用牛奶，這裡將1/4分量的牛奶改為黑醋栗泥，而其中1/3分量的黑醋泥再搭配新鮮黑醋栗，打造鮮嫩飽水的口感。希布斯特奶油餡本身的味道偏淡，所以使用法式甜塔皮搭配杏仁餡製作蛋糕體，增添風味也讓味道更加紮實。

法式甜塔皮＊

＊ 塔皮材料和製作方式請參照P.50「船形蛋白霜餅」。「容易製作的分量」98個分量

杏仁餡＊

＊ 材料和製作方式請參照P.45「香緹鮮奶油塔」。「容易製作的分量」48個分量

烤焙・組裝 1（40個分量）

- 黑醋栗（冷凍）……120～160顆
- 柑曼怡香橙干邑甜酒……40g

1　在法式甜塔皮上撒手粉（分量外），然後以壓麵機將麵團延展成2.2mm厚，再以直徑9.5cm的圓形圈模壓出圓形塔皮，鋪於直徑6.5×高1.7cm的塔圈烤模中。以抹刀裁切突出於塔圈外的部分，然後用叉子於塔皮底部戳洞。

2　將杏仁餡填入裝有口徑13mm圓形花嘴的擠花袋中，在1裡面擠35g的杏仁餡。

3　取3～4顆黑醋栗埋入杏仁餡中。

4　放入預熱至180度C的旋風烤箱中烤焙30～35分鐘。以毛刷取柑曼怡香橙干邑甜酒（1個塗刷1g左右）塗刷於頂部。稍微放涼後脫模並靜置冷卻。

餡料（40個分量）

- 柳橙……10顆
- 糖漿（30度波美糖漿）……500g
- 柑曼怡香橙干邑甜酒……50g

1　去除柳橙的外皮與薄皮，取下果肉放入料理盆中。

2　煮沸糖漿後注入1裡面。冷卻後添加柑曼怡香橙干邑甜酒，覆蓋保鮮膜並使其緊貼於表面，置於冷藏室1晚。

黑醋栗希布斯特奶油餡

（使用直徑6×高4cm圈模＊1／40個分量）

- 黑醋栗卡士達醬
  - 蛋黃……125g
  - 精白砂糖……132g
  - 高筋麵粉＊2……22g
  - 玉米澱粉＊2……22g
  - 牛奶……220g
  - 黑醋栗泥……220g
  - 黑醋栗（長野縣產）＊3……110g
  - 奶油……44g
- 片狀明膠＊4……7g
- 法式蛋白霜
  - 蛋白……275g
  - 精白砂糖……110

＊1 排列於鋪有OPP透明薄膜的鐵板上
＊2 混合在一起過篩備用
＊3 以電動手持攪拌棒等攪拌成泥狀備用
＊4 浸泡冷水膨脹軟化並倒掉多餘的水

1　製作黑醋栗卡士達醬。將蛋黃和精白砂糖倒入料理盆中，用打蛋器以摩擦盆底的方式攪拌。

POINT 充分攪拌至精白砂糖沒有沙沙的感覺。精白砂糖沒有完全溶解就加入粉類的話，不僅容易結塊，也容易因為粉類沒有均勻分散，導致烤焙後有過於厚重的奶油口感。

2　加入高筋麵粉和玉米澱粉，混拌至整體有光澤感。

POINT 為了維持更好的形狀，粉類的一半分量改用玉米澱粉。基於澱粉的特性，即使冷卻後也能保留Q彈且滑順的口感。

3 加熱牛奶至沸騰前，注入 **2** 裡面並攪拌均勻。

POINT 之後再添加黑醋栗泥。將黑醋栗泥和牛奶一起加熱的話，黑醋栗中的酸質會對牛奶的蛋白質起反應而產生分離現象。先將蛋黃和牛奶混合在一起，然後再加入黑醋栗泥，蛋黃中所含的卵磷脂可作為乳化劑，減少油水分離的現象發生。

4 將黑醋栗泥和攪拌成泥狀的黑醋栗倒入銅鍋裡，加熱至快要沸騰前。

5 將 **3** 加入 **4** 裡面，大火熬煮過程中不斷以打蛋器攪拌。沸騰且變黏稠後，繼續攪拌以切斷筋性，當表面有光澤感後，加入奶油。攪拌至奶油融化後即可關火。

POINT 由於添加黑醋栗泥，濃度較一般卡士達醬高一些，熬煮時也更容易燒焦，這一點請務必多加留意。過度熬煮會變硬，口感也會變差，所以心裡覺得「會不會有點太早」時就可以關火了。

6 加入確實瀝乾的片狀明膠，以橡膠刮刀攪拌使其溶解，然後移至料理盆中。

7 製作法式蛋白霜。將蛋白和精白砂糖倒入攪拌機的攪拌缸中，裝上打蛋頭並以中～高速運轉打發。

POINT 為了製作質地細緻的蛋白霜，一開始就必須加入精白砂糖打發。若在打發過程中才添加精白砂糖，不僅氣泡會變大，打發後的消泡速度也會變快。

8 製作蛋白霜的期間，將 **6** 的料理盆置於冰水上，偶爾攪拌一下讓溫度下降至30度C。

POINT 冷卻至適合和法式蛋白霜混合在一起的溫度。這時候為了避免讓表面形成薄膜，務必偶爾攪拌一下。但溫度降得太低也不容易和蛋白霜混合在一起，所以大概下降至盆底摸起來溫溫的30度C就好了。再繼續降溫反而使明膠急速變硬，這一點請格外留意。明膠變硬後，就無法順利和蛋白霜混合在一起。

9 打發至 **7** 的蛋白霜尖角挺立狀態即可關掉攪拌機。

10 以打蛋器攪拌 **8** 至滑順狀態。加入1/3分量的 **9** 蛋白霜混合均勻。添加時記得先再稍微將蛋白霜攪拌至滑順。

POINT 法式蛋白霜的砂糖使用量較少，打發後放太久會逐漸變乾。所以添加之前務必再以打蛋器稍微攪拌至滑順。

POINT 加入蛋白霜之後，以從底部向上舀起的方式攪拌。由於蛋白霜氣泡會逐漸破裂，攪拌時的動作要盡量快一些。

11 混合至一半程度後，再取剩餘蛋白霜的一半分量加入一起攪拌，以同樣的要領混合均勻。

12 同樣再混合至一半程度後，加入剩餘的蛋白霜，以從底部向上舀起的方式攪拌，大概5次左右就完成了。

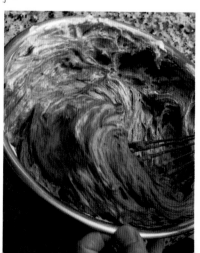

POINT 留有白色蛋白霜痕跡的狀態是OK的，再繼續攪拌會造成蛋白霜不斷消泡，而這也是油水分離的原因。在這個步驟中沒有完全混拌均勻也沒關係，之後填入擠花袋裡，在擠壓過程中自然混合均勻。而且稍微留有白色痕跡，享用時會更具蓬鬆感。另一方面，這時候如果完全混拌均勻，烤焙後反而易使質地變黏稠。

13 將 *12* 填入裝有口徑18mm圓形花嘴的擠花袋中，擠入直徑6×高4cm的塔圈烤模中，大約一半高度。

14 放入冷凍庫中冷卻凝固。

組裝2・收尾

・外交官奶油（黏合用）*……適量
・精白砂糖……適量
＊ 將卡士達醬（請參照P.25「聖托佩塔」）和香緹鮮奶油（卡士達醬重量的30％，將乳脂肪含量47％的鮮奶油和10％重量的砂糖打發至9分發）混合在一起。

1 將餡料的汁液瀝乾，斜切成1/2～1/3的厚度。

2 將3塊 *1* 排列於烤焙・組裝1- *4* 上面，中間部分空出來。

3 將外交官奶油填入裝有口徑12mm圓形花嘴的擠花袋中，擠壓少量外交官奶油在 *2* 的中間部位。

4 自冷凍庫取出黑醋栗希布斯特奶油餡，以底部朝上的方式擺在工作檯上。以瓦斯噴火槍溫熱圈模側面脫模。

POINT 讓平坦的那一面朝上，之後焦糖化時，表面也會更加漂亮工整。

5 *4* 的周圍鬆動時，脫模擺在 *3* 的上面，用手指從上方輕推黑醋栗希布斯特奶油餡脫模。

6 於頂部均勻撒上精白砂糖，以瓦斯噴火槍炙燒使其焦糖化。再重覆一次同樣步驟。

活用 柔軟滑順
與酥鬆清脆的對比口感
「楓糖起司慕斯」

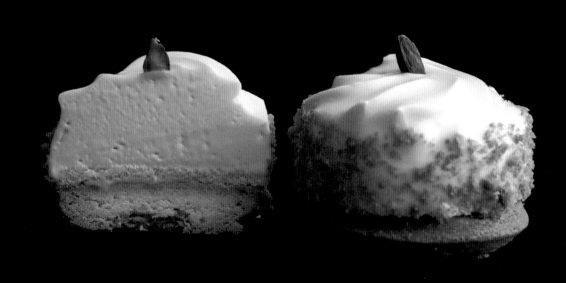

厚烤酥餅，以口感打造獨家特色

為了打造濃郁感強烈的起司蛋糕，我不斷在錯誤中學習，最後我靈機一動，想到添加楓糖漿這個方法。但我依然覺得欠缺了些什麼，苦思之餘，我沒有再額外添加其他材料，而是轉念透過口感來打造理想中的味道。將作為基底蛋糕體的酥餅麵團延展得厚一些，烤焙出酥鬆清脆的口感，然後搭配柔軟滑順且濃郁的起司慕斯，完成這道口感上形成強烈對比的小蛋糕。厚烤特有的烤焙芳香，搭配楓糖的溫和風味，完成一場琴瑟和諧的演出。

酥餅一片一片分別烤焙，風味輪廓更加清晰

酥餅麵團裡添加大量奶油，味道相當濃醇，延展成7mm厚，一片一片放入塔派烤模中烤焙。如果直接倒入烤盤裡烤焙，麵團會過度延展，但放入烤模裡烤焙，不僅外型美觀，也有助於牢牢鎖住奶油，讓風味輪廓更加清晰鮮明。

甘納許淋醬讓味道更具深度

堆疊於厚烤酥餅上的慕斯以炸彈麵糊搭配奶油乳酪和楓糖漿製作而成，另外添加純打發鮮奶油以增加濃醇香氣與風味。頂部再淋上搭配楓糖漿製作的白巧可力淋醬。添加楓糖漿除了可避免淋醬乾燥，也為了增添風味。使用水分含量高的淋醬，打造濃郁且水潤的口感。

原味酥餅

（使用直徑7×高1.2cm塔派烤模／容易製作的分量）

- 低筋麵粉＊1……550g
- 鹽……4.5g
- 奶油＊2……450g
- 糖粉……175g
- 全蛋……60g

＊1 過篩備用
＊2 切成2×1.5cm大小並冷卻備用

1 將低筋麵粉和鹽撒在工作檯上，然後擺上事先切成2×1.5cm大小且冷卻備用的奶油，讓每一小塊奶油都裹上麵粉，同時用手指捏碎奶油。

2 奶油塊變小後，繼續撒麵粉並用雙手以摩擦方式讓奶油變得更細小。

POINT 先將麵粉和奶油混合在一起並揉搓成細沙狀，有助於之後添加水分（蛋）時抑制麵筋的形成。先將麵粉和油脂混合在一起的這個步驟非常重要。沒有確實做好這個步驟，烤焙後不僅容易變硬，也無法呈現鬆脆口感。

3 添加糖粉並用手指揉搓奶油讓整體均勻混合在一起。接著同樣用雙手摩擦混合均勻。

4 糖粉均勻散布後加入全蛋，用刮板取麵粉覆蓋在全蛋上，不要讓蛋液四處溢流。接著用手掌根部以按壓方式將麵糊整理成團。

POINT 之後使用時會再稍微輕揉麵團，所以這個步驟中留有些許粉末狀也沒關係。

5 用保鮮膜包起來，靜置於冷藏室1晚。

6 置於撒有手粉（分量外）的工作檯上，用雙手揉至光滑均勻。

7 將麵團擺在高7mm的長棍旁，撒手粉後以擀麵棍延展。

8 以打孔滾輪在麵皮上打孔。

POINT 麵皮較厚，若不事先打孔，麵皮難以均勻受熱。

9 以直徑6cm圓形壓模壓成圓形塔皮，然後放入直徑7×高1.2cm塔派烤模中，輕壓中間部位使其貼緊烤模底部。

10 排列於烤盤上，放入預熱至180度C的旋風烤箱中烤焙45分鐘。稍微放涼後脫模並靜置冷卻。

覆盆子家常傑諾瓦士蛋糕

＊ 蛋糕材料和製作方式請參照P.10「雪利酒蛋糕」。準備75片直徑6×厚5mm大小

起司慕斯（75個分量）

- 炸彈麵糊
- 楓糖漿……180g
- 精白砂糖……180g
- 蛋黃……180g
- 奶油乳酪（Bel「Kiri」）……1000g
- 楓糖漿……100g
- 片狀明膠＊1……20g
- 櫻桃香甜酒……45g
- 鮮奶油（乳脂肪含量47%和38%同比例混合在一起）＊2……1000g

＊1 浸泡冷水膨脹軟化並倒掉多餘的水
＊2 打發至6分發，放入冷藏室裡冷卻備用

1 製作炸彈麵糊。銅鍋裡倒入楓糖漿和精白砂糖，大火加熱熬煮至113度C。

POINT 以楓糖漿取代水製作炸彈麵糊。所以精白砂糖使用量要減少。

2 料理盆中倒入蛋黃並打散，將1逐次少量注入並以打蛋器攪拌。

3 使用錐形篩過濾至攪拌機的攪拌缸中。

4 裝上打蛋頭，以中速運轉攪拌至泛白、因黏稠而流動緩慢的狀態，讓溫度下降至26度C。

5 在這段期間開始製作起司基底。以Robot-Coupe食物調理機攪拌奶油乳酪，攪拌至滑順後加入楓糖漿，繼續攪拌。

6 將5移至攪拌機的攪拌缸中，裝上打蛋頭，以低速運轉攪打。稍微飽含空氣且泛白後移至料理盆中。

7 取另外一只料理盆，放入片狀明膠和櫻桃香甜酒，以隔水加熱法融解。

8 自冷藏室取出冷卻備用的鮮奶油，以打蛋器打發至9分發。

9 將等同於7分量的6倒入7裡面，以打蛋器混拌在一起，再倒回6的料理盆中，充分攪拌均勻。

10 將4倒入9裡面，充分攪拌均勻。

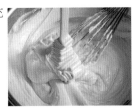

11 將10倒入8裡面，用打蛋器以從底部向上舀起的方式充分混拌均勻。

組裝 1 （使用直徑6×高4cm圓形圈模）

1 將直徑6×高4cm圓形圈模排列在鋪有烤箱紙的鐵板上，然後將覆盆子家常傑諾瓦士蛋糕放入圈模裡。

POINT 將家常傑諾瓦士蛋糕置於慕斯和酥餅之間作為緩衝用，讓口感上的銜接更為流暢順口。除此之外，家常傑諾瓦士蛋糕鋪於慕斯下方，也能使之後的淋醬更為工整、美觀。

------

2 將起司慕斯填入裝有6齒・口徑11mm星形花嘴的擠花袋中，然後擠在1的圓形圈模中，大約7分滿。接著以直立方式拿擠花袋，將慕斯擠成菊花形狀。放入冷凍庫冷卻凝固。

楓糖淋醬 （75個分量）

- 牛奶……375g
- 楓糖漿……100g
- 片狀明膠*1……5g
- 白巧克力*2……550g

*1 浸泡冷水膨脹軟化並倒掉多餘的水
*2 融化備用

1 鍋裡倒入牛奶和楓糖漿，中火加熱至沸騰後關火。加入充分瀝乾的片狀明膠，攪拌使其溶解。

2 將1分2次倒入裝有融化白巧克力的料理盆中，每次都以橡膠刮刀充分攪拌均勻。稍微放涼後覆蓋保鮮膜並使其緊密貼合於表面，置於冷藏室1晚。

組裝 2・收尾

- 餅乾碎（壓碎原味酥餅）……適量
- 開心果……適量

1 鍋裡倒入牛奶和楓糖漿，中火加熱至沸騰後關火，加入充分瀝乾的片狀明膠，以電動手持攪拌棒攪拌使其乳化，並且呈滑順有光澤感的狀態。

2 自冷凍庫中取出組裝1-2，以瓦斯噴火槍加熱圈模側面脫模。擺在烤網上，並於烤網下方擺放一個料理盆。

3 將楓糖淋醬調溫至25度C（使用調溫巧克力的話，調整至35度C），從頂部向下澆淋，讓多餘的淋醬滴落至料理盆中。

4 在原味酥餅中央部位也塗抹少量淋醬，作為黏著劑使用。

5 待3的淋醬凝固後，以抹刀剷起來並置於4的上面。

6 用手拿取餅乾碎撒在側面，頂部以開心果裝飾。

追 求　**輕盈**

「**薄荷風味慕斯**」

各組合部位與材料減少至最低限度，
讓蓬鬆柔軟的口感更加搶眼

透過蛋白霜與鮮奶油的氣泡以維持形狀的慕斯，輕盈且纖細的入口即化口感是最吸引人的地方。雖然可以使用果泥和巧克力等市售材料堆疊出複雜的味道構造，但如此一來，打造入口即化且輕盈口感的主要素材會因此變模糊。所以我們用心於將重點擺在主要味道上。製作薄荷風味慕斯時，使用新鮮的薄荷葉，透過自然風味讓味道更具強烈的衝擊性。

輕盈感來自義式蛋白霜

以英式蛋奶醬搭配義式蛋白霜製作主角的薄荷風味慕斯，蓬鬆柔軟的質地中充滿清新感。若為了降低甜度而減少砂糖用量，蛋白霜容易因為過於輕盈而失去該有的口感。因此，請務必遵守蛋白與砂糖用量比為1：2的基本配方。

薄荷與巧克力的比例為9：1，令人留下深刻印象

充滿清爽且蓬鬆口感的薄荷風味慕斯，搭配襯托薄荷味的濃郁巧克力慕斯，打造雙層美味。但畢竟薄荷味才是真正的主角，為了讓人留下深刻印象，薄荷與巧克力的比例為9：1，而且薄荷葉不事先過濾，直接用於慕斯中，藉此強化薄荷風味。

巧克力傑諾瓦士蛋糕

（使用1個40×30×高5cm方形框模／100個分量）

- 全蛋……625g
- 精白砂糖……207g
- 蜂蜜……78g
- 低筋麵粉＊1……351g
- 杏仁粉＊1……75g
- 糖粉＊1……50g
- 奶油＊2……117g
- 可可粉＊3……70g

＊1 各自過篩後混合在一起
＊2 融化後調溫至35度C
＊3 過篩備用

1 將全蛋、精白砂糖、蜂蜜倒入攪拌機的攪拌缸中，以打蛋器攪拌至精白砂糖均勻分布。

2 將攪拌缸安裝在攪拌機上並裝上打蛋頭，以中～高速運轉打發。

3 攪拌至整體飽含空氣、泛白、體積膨脹且留有打蛋頭痕跡的狀態後，切換成低速運轉攪打1～2分鐘，讓麵糊整體的質地一致。

4 移開攪拌缸，加入事先混合好的低筋麵粉、杏仁粉和糖粉，以橡膠刮刀切拌均勻。

5 加入融化奶油並攪拌均勻，然後加入可可粉，同樣攪拌均勻。

6 將40×30×高5cm方形框模置於鋪有烤箱紙的烤盤上，將 5 注入框模裡並以L型抹刀將表面抹平。放入預熱至190度C烤爐中，將溫度調降至170度C後烤焙45分鐘。出爐後置於室溫下放涼。

7 以鋸齒刀將 6 切成5mm厚的片狀，再以直徑6cm（底層用）和直徑5cm（中間層用）圓形壓模壓出圓形蛋糕體。

POINT 先放入冷凍庫裡冷卻凝固備用，以利之後的處理作業更加輕鬆順手。除此之外，麵糊變硬的狀態下，注入慕斯後比較能夠緊密貼合於蛋糕體，也比較不容易形成空隙。

糖漿（50個分量）

- 糖漿（30度波美糖漿）……90g
- 水……90g

1 將材料混合拌勻。

薄荷慕斯（45～48個分量）

- 綠薄荷葉（新鮮葉片）……12g
- 義式蛋白霜
  - 精白砂糖……293g
  - 水……97g
  - 蛋白……146g
- 英式蛋奶醬
  - 牛奶……666g
  - 蛋黃……226g
  - 精白砂糖……110g
- 片狀明膠＊1……26.6g
- 薄荷香甜酒（百加得「PIPPERMINT GET 27」）……50g
- 鮮奶油（乳脂肪含量47%和38%同比例混合在一起）＊2……666g

＊1 浸泡冷水膨脹軟化並倒掉多餘的水
＊2 放入冷藏室裡冷卻備用

1 以手指摘掉綠薄荷葉的葉柄，只秤葉片重量。

POINT 在之後的步驟中不會過篩去除綠薄荷葉片，而是直接混入材料中使用，所以比較硬的葉柄部分必須事先摘除，避免影響口感，而且也更有助於萃取薄荷香氣。

2 製作義式蛋白霜。鍋裡倒入精白砂糖和水，大火加熱熬煮至118～120度C。

3 2 沸騰後，將蛋白倒入攪拌機的攪拌缸中，以中高速運轉打發。體積膨鬆且泛白後切換成低速運轉。沿著攪拌缸內側面緩緩注入 2。

4 再次切換成中高速運轉，再次打發。攪拌至整體有光澤感、以打蛋頭撈起時尖角挺立，而且差不多是人體皮膚溫度的狀態。

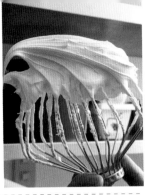

7 將蛋黃和精白砂糖倒入料理盆中，用打蛋器以摩擦盆底的方式攪拌。

8 將 7 小心且緩緩注入 6 裡面，注入的同時以打蛋器攪拌。

POINT 攪拌至不再冒出蒸氣，而且以手觸碰攪拌缸底部時也感覺不到溫度的程度。將熱糖漿注入蛋白霜中，蛋白的氣泡會因為蒸氣進入而膨脹，但隨著攪拌慢慢降溫，氣泡也會逐漸趨於穩定。持續攪拌會使體積變小且氣泡穩定，自然能夠達到最適合的溫度。打發至溫度下降，不僅能維持良好形狀，蛋白霜也比較有光澤感。切記不要高速打發，因為很可能蛋白霜已經呈尖角挺立的狀態，但溫度尚未充分下降。這時如果停止攪拌，熱氣容易積在蛋白霜裡，導致水蒸氣無法散發。而這個水蒸氣在之後混合英式蛋奶醬和純打發鮮奶油時會變成水分，造成油水分離，進而成為慕斯製作失敗的原因。

9 使用橡膠刮刀攪拌，並以中火加熱熬煮至82～83度C且呈黏稠狀態。留意不要讓底部食材燒焦。白色細泡消失且呈滑順狀態後即可關火。持續以橡膠刮刀混拌至質地均勻後移至料理盆中。

5 將蛋白霜移至料理盆中，以刮刀稍微抹平，放入冷藏室裡冷卻降溫至15度C。

10 加入確實瀝乾的片狀明膠，攪拌至溶解。將料理盆置於冰水上，持續攪拌至呈黏稠狀。不再冒出蒸氣後（大約35度C），加入薄荷香甜酒。

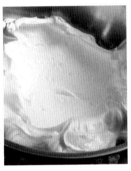

POINT 蛋白霜若沒有確實冷卻，之後和英式蛋奶醬、純打發鮮奶油混合在一起時，比較難以順利混拌均勻，也可能造成油水分離現象。放入冷藏室裡冷卻之前，為了整體均勻降溫，務必稍微將料理盆中的蛋白霜鋪平。

POINT 單純只添加薄荷葉，容易留下類似菜腥味的臭味，所以添加薄荷香甜酒以增添「薄荷」香氣。

11 偶爾攪拌一下，讓溫度下降至20度C。

6 製作英式蛋奶醬。鍋裡倒入牛奶，大火加熱至即將沸騰前關火，加入綠薄荷葉，開蓋狀態下熬煮2～3分鐘，萃取薄荷風味與香氣。

12 在英式蛋奶醬冷卻期間，將2種鮮奶油倒入攪拌缸中打發。打發至體積開始膨脹、以打蛋頭撈起時蛋奶醬緩緩滴落且留有痕跡的7分發。使用之前先暫時放入冷藏室裡冷卻備用。

POINT 之後需要使用9分發的純打發鮮奶油，但在這個階段直接打發至9分發的話，脂肪球會於冷卻過程中不斷結合，導致鮮奶油霜逐漸變硬。因此，打發至一定程度後先放入冷藏室裡冷卻，待使用前再打發至9分發。

POINT 在這個步驟中若過度熬煮萃取，恐會產生苦澀味。之後會再連同其他材料一起熬煮，所以這個步驟中僅熬煮至香氣飄散出來的程度就好。

13 在英式蛋奶醬冷卻期間，以毛刷取1.6g的糖漿塗刷在冷凍備用的巧克力傑諾瓦士蛋糕體（中間層）上。使用之前，放入冷藏室裡備用。

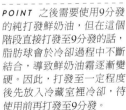

14 英式蛋奶醬達適溫後，自冰水中取出料理盆。接著從冷藏室拿出冷卻備用的鮮奶油，以打蛋器繼續打發至9分發的純打發鮮奶油（11度C）。取1/4分量的純打發鮮奶油加入英式蛋奶醬中，以打蛋器攪拌。大致混合一起後，分2次倒入裝有純打發鮮奶油的料理盆中，每次都要輕輕切拌均勻。

15 自冷藏室取出義式蛋白霜，以橡膠刮刀混拌均勻，讓整體溫度一致。

POINT 這時的義式蛋白霜溫度為15度C。整體溫度若不均勻，會影響接下來混拌其他基底材料的作業，隨著攪拌次數的增加，蛋白霜也會逐漸消泡。

16 取1/3分量的 *14* 加入義式蛋白霜中，以打蛋器輕柔混拌，小心不要戳破氣泡。

17 在稍微可見白色蛋白霜痕跡的狀態下（照片）加入剩餘的 *14*，用打蛋器以從底部向上舀起的方式攪拌。

POINT 最佳混合溫度為蛋白霜15度C，純打發鮮奶油11度C，以及英式蛋奶醬20度C。各材料達最佳溫度時，才能混合出最美、最柔軟且最具有體積的輕盈慕斯。攪拌次數愈多，口感會變得愈黏膩，所以攪拌至依稀看得到白色蛋白霜痕跡的狀態（照片）就好。在這個步驟中沒有完全混合均勻也沒關係，之後填入擠花袋裡，在擠壓過程中自然混合均勻。

組裝 1（使用直徑6×高4cm圓形圈模）

1 將事先冰鎮過直徑6×高4cm的圓形圈模排列在鋪有烤箱紙的鐵板上。然後再置於另一塊大板子上。如果直接將鐵板放在大理石工作檯上，慕斯會於製作過程中因過度降溫而變硬。

2 逆向組裝。先將薄荷慕斯填入裝有口徑16.5mm圓形花嘴的擠花袋中，然後將薄荷慕斯擠在圓形圈模中，約7分滿。

3 取出冷凍備用的巧克力傑諾瓦士蛋糕，以塗刷糖漿那一面朝下的方式輕輕壓在慕斯上方。再次放入冷凍庫冷卻凝固。

巧克力慕斯（45～48個分量）

- 炸彈麵糊（以下記分量製作，取250g使用）
  - 精白砂糖……300g
  - 水……100g
  - 蛋黃……200g
- 鮮奶油（乳脂肪含量47％和38％同比例混合在一起）＊1 ……333g
- 黑巧克力（可可含量71％）＊2……190g

＊1 放入冷藏室裡冷卻備用
＊2 隔水加熱融化並調溫至42度C

1 製作炸彈麵糊。鍋裡倒入精白砂糖和水，大火加熱熬煮至112度C。

2 蛋黃倒入料理盆中打散，將 *1* 緩緩注入並以打蛋器攪拌。

3 以錐形篩過濾至攪拌機的攪拌缸中。

4 裝上打蛋頭，以中速
運轉攪打至泛白且流
速緩慢的黏稠狀態，
溫度大約26度C。

5 將2種鮮奶油倒入料
理盆中，以打蛋器打
發至6分發。提起打
蛋器時，鮮奶油緩緩
滴落且堆疊痕跡迅速
消失的狀態。

6 將4的炸彈麵糊倒入融化且調溫至42度C的黑巧
克力中，以打蛋器混合均勻。

POINT 巧克力溫度過低
容易變硬，但相反的，溫
度過高時，加入鮮奶油
後容易產生油水分離現
象。

---

7 取1/3分量的5加入6裡面，以打蛋器確實混拌
均勻。

8 添加剩餘的5，以從
底部向上舀起的方式
充分拌均。

POINT 攪拌至巧克力均勻
分布。如果沒有確實拌勻，
僅巧克力殘留的部分會變
硬，導致整體產生軟硬不均
的口感。另外，沒有確實混
拌均勻也容易在之後的處理
作業中產生油水分離現象。

組裝 2

1 將巧克力慕斯填入裝
有口徑1.5cm圓形花
嘴的擠花袋裡，將
巧克力慕斯擠在組裝
1-3上面。這個作業
必須於隔天薄荷慕斯
確實凝固後再進行。

2 以L型抹刀將表面抹平。

3 取出冷凍備用的直徑6cm底層用巧克力傑諾瓦士
蛋糕，以毛刷取2g糖漿塗刷於表面，將塗刷糖漿
那一面朝下覆蓋於2的上面。再次放入冷凍庫冷
卻凝固。

收尾（50個分量）

- 透明果凍膠……100g
- 薄荷香甜酒（百加得「PIPPERMINT GET 27」）……6.6g
- 櫻桃香甜酒……6.6g
- 巧克力慕斯……適量
- 蛋白霜（裝飾）……適量

1 將透明果凍膠和薄荷香甜酒、櫻桃香甜酒充分混
合均勻。

2 將組裝2-3以上下顛倒方式置於工作檯上，以抹
刀取1薄薄塗抹在薄荷慕斯上面。

3 以瓦斯噴火槍溫熱圈模側面脫模。在頂部中央擠
少量巧克力慕斯，最後再以蛋白霜裝飾。

質地酥脆的口感

突 顯 個 性 化

「焦糖香緹蛋白霜餅」

瑞士蛋白霜搭配充滿芳香甘醇蘭姆酒的香緹鮮奶油，
香氣十足又順口

香緹蛋白霜餅是我在法國進修時，最讓我深刻瞭解法國甜點的最初原點。我保留最原始的架構，只是多花了點心思讓享用過的人留下深刻印象。使用以水浴法加熱蛋白與砂糖的同時並打發的瑞士蛋白霜。不僅能夠維持完美形狀，口感方面也非常道地紮實。在香緹鮮奶油中添加焦糖蘭姆，略帶苦味的焦糖醬搭配大量芳香甘醇的蘭姆酒。酥脆咬感後，緊接而來的是入口即化的蛋白霜，以及在口中蔓延且充滿香醇美味的香緹鮮奶油，和諧的風味組合實在妙不可言。

瑞士蛋白霜（40個分量）

- 蛋白……200g
- 精白砂糖＊……300g
- 糖粉A＊……100g
- 帶皮杏仁片（生）……適量
- 糖粉B……適量

＊ 過篩備用

1 將蛋白和精白砂糖倒入攪拌機的攪拌缸中，中火加熱至55度C，加熱過程中以打蛋器攪拌。

2 將1的攪拌缸安裝在攪拌機上並裝上打蛋頭，以中速運轉打發。整體有光澤感，以打蛋頭撈起時尖角挺立且稍微低垂的狀態即可關機。

3 加入過篩備用的糖粉A，以橡膠刮刀粗略混合在一起。

4 將3填入裝有口徑15mm圓形花嘴的擠花袋中，在鋪有烤箱紙的烤盤上擠長邊6×短邊5.5cm的橢圓形。

5 撒上杏仁片，以濾茶網輕撒糖粉B。放入預熱至140度C且拉開氣氣門的烤爐中烤焙50分鐘。關掉烤爐電源，直接置於烤爐中利用餘熱乾燥一個晚上。

焦糖蘭姆（容易製作的分量）

- 鮮奶油（乳脂肪含量38%）……130g
- 奶油……30g
- 香草莢＊……1/3枝
- 香草莢醬……1g
- 精白砂糖……110g
- 蘭姆酒……40g

＊ 取出香草籽，留下豆莢稍後使用

1 鍋裡倒入鮮奶油、奶油、香草籽和豆莢、香草莢醬，中火加熱至沸騰。

2 取另外一只鍋子，倒入精白砂糖，大火加熱熬煮。整體呈褐色且開始冒煙的180度C即關火。將1倒進來並以打蛋器混拌均勻。

3 移至料理盆中，稍微放涼後加入蘭姆酒拌勻。覆蓋保鮮膜並使其緊貼於表面，放入冷藏室裡冷卻。

香緹焦糖蘭姆（6個分量）

- 鮮奶油（乳脂肪含量47%）……160g
- 焦糖蘭姆……80g
- 精白砂糖……24g

1 料理盆中倒入鮮奶油、焦糖蘭姆、精白砂糖，以打蛋器打發至尖角挺立的9分發。

組裝

1 將瑞士蛋白霜的烤面朝下，2個為1組排列在一起。

2 將香緹焦糖蘭姆填入裝有8齒・口徑11mm星形花嘴的擠花袋中，將香緹焦糖蘭姆擠在一半分量的1上面。

3 將剩餘一半分量的1以烤面朝向外側的方式疊在2的香緹焦糖蘭姆上。

4 在蛋糕底托上擠一些香緹焦糖蘭姆作為黏著劑，然後將3橫向立在上面。

5 將香緹焦糖蘭姆擠在4的上面，差不多同蛋白霜一樣高的山形。

6 將焦糖蘭姆填入擠花袋中，剪開擠花袋前端，將焦糖蘭姆擠在5的頂部，每一個約3g。

酥脆口感後，
瞬間轉為入口即化
「肖蒙杏仁糕」

牛奶搭配杏仁，蛋白霜的獨特口感讓人一吃就上癮

前往法國旅遊時，曾在當地吃過一款名為「L'ideal chaummontais」的甜點，這就是「肖蒙杏仁糕」的原型。在法式蛋白霜中添加牛奶和杏仁粉製作成塞維涅麵糊（Pate a seigné），這種麵糊的口感十分有趣，興起我嘗試製作成其他甜點的念頭。麵糊裡添加牛奶，因此烤焙時會一度膨脹後又消風，冷卻後吃起來酥脆，但緊接而來的入口即化的獨特口感。內夾法式奶油霜並擠在酸味強烈的酸櫻桃製作的果凍中，打造清爽無負擔的美味。另一方面，奶油霜中添加切碎的糖漬香橙，略帶黏稠的口感更添趣味與豐富性。

塞維涅麵團（45個分量）

- 表面用
  - 蛋白……125g
  - 精白砂糖A……50g
  - 精白砂糖B……75g
  - 杏仁糖粉＊1……100g
  - 牛奶＊2……25g
- 蛋糕體用
  - 蛋白……375g
  - 精白砂糖A……150g
  - 精白砂糖B……225g
  - 杏仁糖粉＊1……300g
  - 牛奶＊2……75g
  - 帶皮杏仁片……適量

＊1 過篩備用
＊2 置於室溫下

1 製作撒在表面的麵糊。將蛋白和精白砂糖A倒入攪拌機的攪拌缸中，裝上打蛋頭，以中高速運轉打發。

2 整體泛白且體積膨脹後分2次添加精白砂糖B。繼續打發，以打蛋頭撈起時尖角挺立且稍微低垂的狀態後即可關機。

3 加入過篩備用的杏仁糖粉，以橡膠刮刀粗略混合在一起。倒入牛奶混合均勻。

4 將 **3** 填入裝有口徑16mm圓形花嘴的擠花袋中，在鋪有烤箱紙的烤盤上擠長8cm長條狀。

5 底下再疊一個烤盤，放入預熱至140度C且拉開氣門的烤爐中烤焙50分鐘。出爐後置於室溫下冷卻。

6 將 **5** 搗細碎成粉狀。

7 製作蛋糕體麵糊。製作方式同製作表面用麵糊。擠在烤盤上後，擺上杏仁片，然後將 **6** 大量撒在表面，稍微傾斜烤盤，讓多餘的 **6** 掉落下來。以同樣方式烤焙、冷卻。

櫻桃果凍（40～45個分量）

- 酸櫻桃（冷凍。長野縣小布施町產）＊1……100g
- 精白砂糖＊2……20g
- LM果膠＊2……1g

＊1 以電動手持攪拌棒等攪打成泥狀
＊2 充分混合在一起

1 鍋裡倒入泥狀酸櫻桃和混合在一起的精白砂糖與LM果膠，以打蛋器攪拌並以中火加熱至沸騰，關火後鋪於托盤上冷卻。

組裝・收尾（10個分量）

- 法式奶油霜＊……400g
- 塞維涅麵團（搗碎）……適量

＊ 材料與製作方式請參照P.16「杏仁奶油蛋糕」。恢復至室溫備用

1 將法式奶油霜倒入攪拌機的攪拌缸中，裝上扁平攪拌頭，以低速運轉攪打至飽含空氣。

2 蛋糕體的塞維涅麵體2個為1組。將法式奶油霜填入裝有口徑13mm圓形花嘴的擠花袋中，在其中一個塞維涅麵體的烤面上擠25g的法式奶油霜。

3 將櫻桃果凍填入裝有口徑8mm圓形花嘴的擠花袋中，擠2.5g櫻桃果凍在 **2** 上面，然後上方再擠15g法式奶油霜。

4 將2個1組的另外一個塞維涅麵體以烤面朝上的方式覆蓋於 **3** 上面，輕壓使其黏合。以抹刀抹平滲出的法式奶油霜。

5 最後將搗碎的塞維涅麵體黏貼於 **4** 的側面。

享用 豐富口感
「希布斯特蛋糕」

致敬傳統甜點的架構，以細節表現獨特個性

不同於「黑醋栗希布斯特」（P.139）是創新甜點，這裡的「希布斯特蛋糕」是繼承傳統的經典甜點。蓬鬆柔軟的希布斯特奶油餡表面覆蓋清脆芳香的焦糖、酥脆的法式酥脆塔皮、多汁可口的煸炒蘋果。雖然整體架構單純，但可以充分享受多樣化口感，因此我活用這項優點，盡我所能地構思出這款甜點。透過加熱煸炒濃縮蘋果的香甜多汁，再添加卡爾瓦多斯蘋果白蘭地，試圖打造充滿成熟大人氣息的風味。

法式酥脆塔皮*

（使用直徑6.5×高1.5cm法式塔圈烤模）

· 塗刷蛋液（蛋黃）……適量

* 塔皮材料與製作方式請參照P136「焦糖反烤蘋果塔」。取「容易製作的分量」之一半分量使用，25個分量

1 在法式酥脆塔皮麵團上撒手粉（分量外），以壓麵機延展成2.5mm厚的塔皮。使用直徑9cm圓形壓模壓出圓形塔皮，然後鋪於直徑6.5×高1.5cm的法式塔圈烤模中。以抹刀或刮板裁掉突出於塔圈的塔皮。裁切時朝塔圈外側向下斜切。排列於鋪有烤箱紙的鐵板上，置於冷凍庫20分鐘使塔皮變硬。

2 排列在烤盤上，每個塔皮裡擺放一個蛋糕杯，蛋糕杯裡放滿烘焙石。放入預熱至180度C且拉開氣門的旋風烤箱中烘焙25分鐘。移除蛋糕杯和烘焙石，脫膜後再烤焙10分鐘至上色。

3 以毛刷在整個內側面均勻塗刷蛋液。放入預熱至180度C的旋風烤箱中再烤焙4～5分鐘，讓蛋液完全熟透。

焗炒蘋果（25個分量）

· 蘋果（紅玉，削皮去核）……600g
· 精白砂糖……60g
· 奶油……18g
· 卡爾瓦多斯蘋果白蘭地……12g

1 鍋裡放入蘋果、精白砂糖和奶油，蓋上鍋蓋，以中火加熱。2分鐘後，聽到咕嘟咕嘟聲且開始出水後，拿掉鍋蓋。以木鏟攪拌至鍋底有一定程度的水量後，轉為大火。以拌炒方式攪拌，煮至水分蒸發。

2 水分完全蒸發後，倒入卡爾瓦多斯蘋果白蘭地嗆酒焰燒。移至料理盆中放涼。

奶油餡（25個分量）

· 牛奶……140g
· 鮮奶油（乳脂肪含量38%）……140g
· 精白砂糖……56g
· 全蛋……67g

1 鍋裡倒入牛奶、鮮奶油、精白砂糖，中火加熱至沸騰後關火。

2 將全蛋倒入料理盆中，以打蛋器打散。

3 1稍微放涼後注入2裡面並混合均勻。以錐形篩過濾至另外一個料理盆中。覆蓋保鮮膜並使其緊貼於表面，置於冷藏室1晚。

組裝 1・烤焙

1 以湯匙取20g焗炒蘋果放入盲烤法式酥脆塔皮中，排列於鋪有矽膠烘焙墊的烤盤上。

2 塔皮裡倒入奶油餡，約9分滿。

3 放入預熱至190度C的烤爐中烤焙25分鐘。稍微放涼後放入冷藏室裡冷卻。

希布斯特奶油餡

（使用直徑6×高4cm圓形圈模*1／25個分量）

· 卡士達醬
· 蛋黃……180g
· 精白砂糖……180g
· 高筋麵粉*2……35g
· 玉米澱粉*2……35g
· 牛奶……750g
· 片狀明膠*3……12g
· 義式蛋白霜
· 精白砂糖……400g
· 水……133g
· 蛋白……200g

*1 排列於鋪有OPP透明薄膜的鐵板上
*2 混合一起過篩備用
*3 浸泡冷水膨脹軟化並倒掉多餘的水

1 製作卡士達醬。料理盆裡倒入蛋黃和精白砂糖，用打蛋器以摩擦盆底的方式攪拌。

2 添加高筋麵粉和玉米澱粉，攪拌至整體有光澤感。

3 加熱牛奶至即將沸騰之前。用湯匙取1次分量倒入2裡面混合在一起。

4 以錐形篩過濾3，小心不要造成牛奶飛濺地慢慢倒回裝有牛奶的鍋子裡。

5 大火加熱過程中以打蛋器不斷攪拌。沸騰且變得相當黏稠後，繼續攪拌以切斷筋性，表面有光澤感後再關火。

6 加入確實瀝乾的片狀明膠，以橡膠刮刀攪拌溶解。移至料理盆中並將料理盆置於冰水上，偶爾攪拌一下讓溫度下降至30度C。

7 在這個同時開始製作義式蛋白霜。鍋裡倒入精白砂糖和水，大火加熱熬煮至118～120度C。開始沸騰後，將蛋白倒入攪拌機的攪拌缸中，以中高速運轉攪打。體積開始膨脹、泛白且蓬鬆柔軟後切換成低速運轉，然後沿著攪拌缸內側面緩緩注入糖漿。再次切換成中高速運轉打發。整體有光澤感，提起打蛋頭時蛋白霜尖角挺立且差不多達人體皮膚溫度後就可以關機了。

8 自冰水中將 **6** 拿出來，倒入1/3分量的義式蛋白霜。攪拌至中期，分2次添加剩餘的蛋白霜，每次都要混合均勻。

9 填入裝有口徑18mm圓形花嘴的擠花袋中。將 **8** 擠在事前準備好的直徑6×高4cm圓形圈模裡，約一半高度。放入冷凍庫冷卻凝固。

組裝 2・收尾

・外交官奶油＊（黏合用）……適量

・精白砂糖……適量

＊ 以卡士達醬和卡士達醬用量之30％的香緹鮮奶油（乳脂肪含量47％之鮮奶油加10％重量的砂糖並打發至9分發）混合調製而成

1 將外交官奶油填入裝有口徑12mm圓形花嘴的擠花袋中，擠少量在組裝1・烤焙 **3** 的上面中央處。

2 自冷凍庫取出希布斯特奶油餡，以底部朝上的方式置於工作檯上，以瓦斯噴火槍溫熱圓形圈模側面以利脫模。

3 圈模周圍稍微鬆動時，覆蓋於 **1** 的上面，用手指從上面輕推希布斯特奶油餡脫模。放入冷凍庫冷卻凝固。

4 在頂部均勻撒上精白砂糖，以瓦斯噴火槍炙燒使其焦糖化。再重覆一次同樣的步驟。

充滿水果 咬 感

「草莓大黃慕斯」

熬煮帶有種子與纖維的水果泥製作英式醬，
打造濃郁存在感

慕斯的口感向來柔軟、細緻且入口即化，但這款小蛋糕主打食材美味，以「能夠咀嚼
的美味慕斯」為目標。搭配草莓和大黃二種相容性極高的食材，不刻意過篩，就連種
子和纖維也絲毫不浪費。另外，以泥狀的草莓和大黃取代牛奶，熬煮英式醬。透過這
些方式讓大家充分感受濃縮味十足的果實口感與香甜滋味。傑諾瓦士蛋糕體裡添加杏
仁粉，烤焙後的彈性質地完全不輸個人色彩鮮明的慕斯。

巧克力傑諾瓦士蛋糕

（使用40×30×高5cm方形框模1個／54個分量）

- 全蛋……715g
- 精白砂糖……543g
- 低筋麵粉＊1……400g
- 杏仁粉＊1……85g
- 可可粉＊1……57g
- 奶油＊2……128g
- 牛奶＊2……57g

＊1 各自過篩混合在一起備用
＊2 混合在一起，奶油融化並調溫至50度C

1 將全蛋、精白砂糖倒入攪拌機的攪拌缸中，先用打蛋器以摩擦缸底的方式攪拌至精白砂糖均勻分布。

2 將1安裝在攪拌機上，裝上打蛋頭並以中～高速運轉打發。

3 打發至飽含空氣、泛白且體積開始膨脹（約7分發）後關機。加入事先混合在一起的低筋麵粉、杏仁粉和可可粉，以刮刀切拌至沒有粉末狀。

4 加入奶油和牛奶，確實混合至有光澤感。

5 將40×30×高5cm的方形框模置於鋪有烤箱紙的烤盤上。注入4並以L型抹刀將表面抹平，底下再疊一塊烤盤，放入預熱至190度C烤爐後立刻將溫度調降至170度C，烤焙40分鐘。出爐後置於室溫下放涼。

6 以鋸齒刀切成3片，每片約1cm厚度。不使用烤面。

義式蛋白霜（54個分量）

- 精白砂糖……250g
- 水……125g
- 蛋白……83g

1 鍋裡倒入精白砂糖和水，大火加熱熬煮至118～120度C。

2 1開始沸騰後，將蛋白倒入攪拌機的攪拌缸中，以中高速運轉打發。體積開始膨脹、泛白且蓬鬆柔軟後切換成低速運轉，沿著攪拌缸內側面緩緩注入1的糖漿。

3 再次切換成中高速運轉，繼續打發。整體有光澤感、提起打蛋頭時尖角挺立且溫度下降至大約人體皮膚的溫度。

4 將3移至料理盆中，以刮刀稍微抹平，放入冷藏室裡冷卻降溫至15度C。

糖漿（54個分量）

- 糖漿（30度波美糖漿）……250g
- 櫻桃香甜酒……250g

1 將材料混合在一起。

大黃慕斯（54個分量）

- 蛋黃……102g
- 精白砂糖……90g
- 大黃泥（或者以電動手持攪拌棒攪打成泥狀）……383g
- 檸檬汁……21g
- 片狀明膠＊1……18g
- 鮮奶油（乳脂肪含量38%）＊2……383g
- 義式蛋白霜……187g

＊1 浸泡冷水膨脹軟化並倒掉多餘的水
＊2 放入冷藏室裡充分冷卻

1 料理盆裡倒入蛋黃和精白砂糖，用打蛋器以摩擦盆底的方式攪拌均勻。

2 鍋裡倒入大黃泥和檸檬汁，大火加熱至快要沸騰前關火，緩緩將1倒進來，小心不要讓鍋裡食材飛濺出來。

3 用橡膠刮刀以輕刮鍋底的方式不斷攪動，並以中火加熱熬煮至82～83度C且呈黏稠狀。留意不要讓鍋底材料燒焦。

4 自火爐上移開鍋子，加入確實瀝乾的片狀明膠，攪拌溶解。移至料理盆中，並將料理盆置於冰水上，偶爾攪拌一下讓溫度下降至20度C且呈黏稠狀。

5 在這段期間打發鮮奶油。打發至體積膨脹且鮮奶油滴落後有堆疊痕跡的7分發。使用之前先暫時放入冷藏室裡冷卻備用。

6 4達到適當溫度後，自冰水中移開。

7 自冷藏室取出冷卻備用的鮮奶油，以打蛋器打發成9分發的純打發鮮奶油。倒入6裡面，再用打蛋器以從底部向上舀起的方式攪拌。

8 自冷藏室取出義式蛋白霜，以橡膠刮刀將整體攪拌至溫度均勻一致。全部倒入7裡面，用打蛋器以從底部向上舀起的方式混拌均勻。

組裝

1 將40×30×高5cm的方形框模置於鋪有OPP透明薄膜的鐵板上。

2 將1片切片備用的巧克力傑諾瓦士蛋糕放入框模中，以毛刷取1/3分量的糖漿塗刷於表面。

3 倒入大黃慕斯，以L型抹刀抹平。堆疊第2片巧克力傑諾瓦士蛋糕，塗刷一半分量的剩餘糖漿，放入冷凍庫冷卻凝固。

草莓慕斯 (54個分量)

- 蛋黃……102g
- 精白砂糖……90g
- 草莓果泥……191g
- 草莓（以電動手持攪拌棒攪打成泥狀）……191g
- 檸檬汁……21g
- 櫻桃香甜酒……25g
- 片狀明膠＊1……18g
- 鮮奶油（乳脂肪含量38%）＊2……383g
- 義式蛋白霜……187g

＊1 浸泡冷水膨脹軟化並倒掉多餘的水
＊2 放入冷藏室裡充分冷卻

1 料理盆裡倒入蛋黃和精白砂糖，用打蛋器以摩擦盆底的方式攪拌。

2 鍋裡倒入草莓果泥、攪打成泥狀的草莓、檸檬汁，以大火加熱熬煮。

3 沸騰前關火，緩緩將 1 倒進來，小心不要讓鍋裡材料飛濺出來。接下來參照大黃慕斯的方法製作草莓慕絲。加熱至82～83度C的基底材料降溫過程中，於稍微放涼後添加櫻桃香甜酒。

4 自冷凍庫取出組裝-3，將 3 倒進去並以L型抹刀抹平。堆疊第3片巧克力傑諾瓦士蛋糕，塗刷剩餘的糖漿，再次放入冷凍庫冷卻凝固。

收尾

- 糖粉……適量
- 香緹鮮奶油＊……適量
- 草莓……適量

＊ 在乳脂肪含量47%的鮮奶油中加入10%重量的砂糖並打發至9分發

1 自冷凍庫取出草莓慕斯- 4，以瓦斯噴火槍溫熱框模側面脫模。

2 以瓦斯噴火槍溫熱菜刀，薄薄切掉兩端並分切成54個7.6×3.5cm大小。

3 以濾茶網在頂部撒糖粉，將香緹鮮奶油填入裝有聖歐諾黑形花嘴的擠花袋中，於 2 頂部斜向擠花4次。

4 最後以草莓薄片裝飾。

陳列於古董棚架上的常溫甜點通常以法式傳統甜點為主，大約有30種。為了維持法式甜點的新鮮度，店裡隨時烤焙以補充貨源。另外也販售糖漬果粒果醬和砂糖甜點。

6

充分活用食材的獨特性質

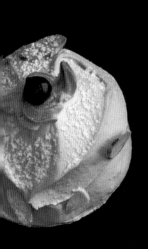
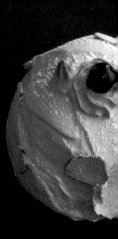

活用黑醋栗

苦澀味

「黑醋栗塔」

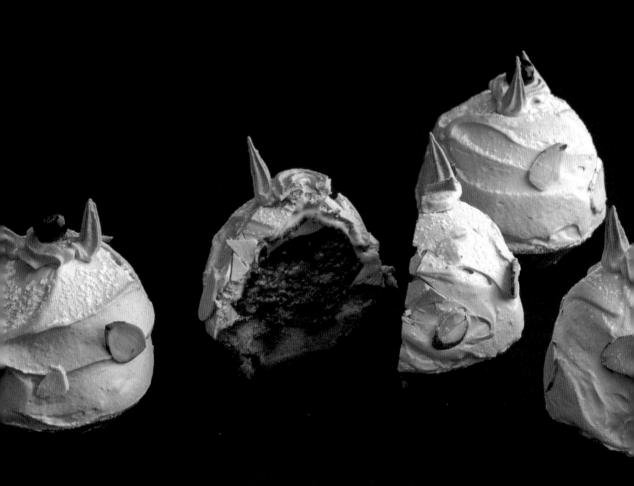

搭配乳製品，讓苦澀變圓潤

黑醋栗的特色是獨特的顏色與酸味，再加上淡淡的苦澀味，由於和砂糖是最佳搭檔，因此經常被用來製作甜點。然而最大的困難之處在於過度在意苦澀味而減少用量，反而導致黑醋栗的味道曖昧不清；但另一方面，用量過多又容易因為苦澀味強烈而令人感到不悅。於是，我們店裡將黑醋栗融入各個組成部位，再藉由牛奶與奶油帶出黑醋栗的個性美味並同時將苦澀味緊緊包覆，讓苦澀變得圓潤順口。也讓客人可以盡情享用黑醋栗的口感、滋味與香氣。

果凍和塔派底座結合黑醋栗，烤焙後更添果實滋味

組裝於中間層的慕斯是以黑醋栗泥製作的卡士達醬為基底。軟Q口感和濃郁的奶油奶香味令人留下深刻印象。另外再使用黑醋栗利口酒來控制砂糖用量，搭配刻意強調苦澀味的黑醋栗果凍，讓多汁鮮嫩的口感與味道形成鮮明對比。另一方面，將冷凍黑醋栗埋入塔派底座中，讓人充分感受到滿滿的濃縮果實滋味。

黑醋栗義式蛋白霜增添口感與味道的豐富性

放入口中時，表面黑醋栗蛋白霜的鬆軟口感，以及在口中瞬間散開的黑醋栗滋味是這款甜點的最大特色。果凍的酸味‧苦澀味和淡淡的酒精味再三突顯了黑醋栗的獨特滋味。

法式甜塔皮*

（使用直徑6×高1.5cm塔模）

* 塔皮材料和製作方式請參照P.50「船形蛋白霜餅」。製作後取400g使用，27個分量

1. 將法式甜塔皮麵團置於工作檯上，撒手粉（分量外）後以壓麵機延展成2.2mm厚度。以直徑8cm圓形壓模壓成圓形塔皮，然後鋪於直徑6×高1.5cm塔模中。以抹刀或刮板裁掉突出塔模外的塔皮。裁切時朝塔模外側向下斜切。排列於鋪有烤箱紙的鐵板上，置於冷凍庫20分鐘使麵團變硬。

杏仁卡士達奶醬 （27個分量）

- 杏仁餡*1……400g
- 卡士達醬*2……200g

*1 材料和製作方式請參照P.50「船形蛋白霜餅」。恢復至室溫
*2 材料和製作方式請參照P.25「聖托佩塔」。恢復至室溫

1. 將杏仁餡和卡士達醬各自放入料理盆中，以橡膠刮刀攪拌至變軟。

2. 將杏仁餡倒入裝有卡士達醬的料理盆中，以橡膠刮刀充分攪拌均勻。

組裝 1・烤焙 （27個分量）

- 黑醋栗（冷凍）……54顆
- 黑醋栗利口酒……81g

1. 將法式甜塔皮-1排列在鐵板上，以抹刀依序抹上12g的杏仁卡士達奶醬。

2. 將2顆黑醋栗排列在中央。

POINT 若將黑醋栗排列於底部，烤焙時容易燒焦，建議將黑醋栗夾在杏仁卡士達奶醬中。

3. 在2上方再倒入10g杏仁卡士達奶醬，以抹刀抹平表面。

4. 排列於烤盤上，放入預熱至180度C的旋風烤箱中烤焙45分鐘。

POINT 使用深型塔模時，必須花費較長時間烤焙才能讓內部熟透。烤焙至表面與麵團底部都確實變成深褐色。帶點焦味反而和黑醋栗的鹹味更合拍。

5. 趁4還溫熱時，以毛刷取3g黑醋栗利口酒塗刷在表面後靜置冷卻。

黑醋栗果凍

（使用直徑4.5×深2.4cm半圓形48孔矽膠烤模／48個分量）

- 黑醋栗泥……200g
- 檸檬汁……20g
- 黑醋栗利口酒……20g
- 精白砂糖……20g
- 片狀明膠*……6g

* 浸泡冷水膨脹軟化並倒掉多餘的水

1. 將片狀明膠以外的材料放入鍋裡，大火加熱的同時以打蛋器混拌均勻。溫度達70度C時，加入瀝乾的片狀明膠，混合融解後關火。

2. 將1倒入自動漏斗填餡器裡，均勻填入直徑4.5×深2.4cm半圓形48孔矽膠烤模中。

3. 放入冷凍庫確實冷卻凝固。

黑醋栗慕斯（48個分量）

- 義式蛋白霜
  - 精白砂糖……160g
  - 水……50g
  - 蛋白……80g
- 黑醋栗卡士達醬
  - 牛奶……200g
  - 黑醋栗泥……350g
  - 檸檬汁……35g
  - 蛋黃……140g
  - 精白砂糖……145g
  - 玉米澱粉*1……50g
- 奶油……35g
- 片狀明膠*2……12g
- 鮮奶油（乳脂肪含量47%）……200g

*1 過篩備用
*2 浸泡冷水膨脹軟化並倒掉多餘的水

1　製作義式蛋白霜。鍋裡倒入精白砂糖和水，大火加熱熬煮至118～120度C。

2　1開始沸騰後，將蛋白倒入攪拌機的攪拌缸中，以中高速運轉打發。體積膨脹、泛白且蓬鬆後切換成低速運轉，接著將1沿著攪拌缸內側側面緩緩注入。

3　切換至高速運轉打發。出現光澤感且提起打蛋頭時，蛋白霜尖角挺立後，再次切換至中速運轉，攪拌讓溫度下降至大概人體皮膚的溫度。

4　將蛋白霜移至料理盆中，以刮刀稍微抹平後放入冷藏室，冷卻至10度C。

POINT 蛋白霜若沒有確實冷卻，之後與黑醋栗卡士達醬、純打發鮮奶油混合一起時，不僅難以攪拌，也可能造成油水分離。但過度冷卻也容易因為蛋白霜過於緊密而無法順利攪拌，請務必冷卻至適當溫度。

5　製作黑醋栗卡士達醬。鍋裡倒入牛奶，大火加熱至沸騰。

6　取另外一只鍋子，倒入黑醋栗泥和檸檬汁，中火加熱的同時，以打蛋器攪拌。加熱至即將沸騰前關火。

POINT 將牛奶、黑醋栗泥和檸檬汁分別加熱。如果將牛奶、黑醋栗、檸檬汁全部一起加熱，黑醋栗和檸檬汁所含的酸質會因為對蛋白質起反應而產生油水分離現象。

7　料理盆裡倒入蛋黃和精白砂糖，用打蛋器以摩擦盆底的方式充分攪拌。

8　加入過篩備用的玉米澱粉，攪拌至有光澤感。

9　將5注入8裡面，混合後以錐形篩過濾至另外一個料理盆中。

10　將9倒入6裡面，以「略小的大火」加熱，加熱過程中不斷以打蛋器攪拌。

POINT 由於添加黑醋栗泥的關係，不僅黏稠度提高，也容易燒焦。為了避免食材燒焦，除了以略小的大火加熱外，也要用打蛋器不斷以摩擦鍋底和側面的方式攪拌。

11　沸騰且變黏稠後，繼續攪拌以切斷筋性，當表面有光澤感且沸騰冒泡後關火，然後添加奶油。

12　加入瀝乾的片狀明膠，攪拌溶解。移至料理盆中，將料理盆置於冰水上，以橡膠刮刀攪拌至溫度下降至22度C。

13　在12冷卻期間，將鮮奶油倒入料理盆中並置於冰水上，以打蛋器打發。打發至體積膨脹且滴落後有堆疊痕跡的7分發。使用之前先暫時放入冷藏室。

14　12達適當溫度後，自冰水中移開。

15　自冷藏室取出冷卻備用的鮮奶油，以打蛋器打發至9分發，完成純打發鮮奶油。讓純打發鮮奶油的溫度維持在11度C。

16　自冷藏室取出義式蛋白霜，以橡膠刮刀攪拌均勻，讓整體溫度均勻一致。

POINT 這時候的義式蛋白霜溫度為10度C。溫度不均勻會造成之後的混拌作業難以進行，而攪拌次數愈多，蛋白霜消泡的情況會愈嚴重。

17　將義式蛋白霜一口氣全部倒入14裡面，為了避免消泡，以打蛋器快速混拌均勻。

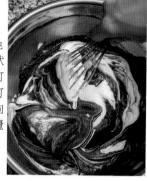

18 在稍微可見白色蛋白霜痕跡的狀態下加入純打發鮮奶油，用打蛋器以從底部向上舀起的方式攪拌。

19 混合至8成左右的程度後，改用橡膠刮刀將整體混合在一起。這時候如果過度攪拌，膨脹鬆軟質地會消失，所以攪拌至依稀看得到白色蛋白霜痕跡的狀態就好。填入擠花袋裡，在擠壓過程中自然混合均勻。

組裝 2

1 將黑醋栗慕斯填入裝有口徑16.5mm圓形花嘴的擠花袋中，將黑醋栗慕斯均勻擠在黑醋栗果凍-**3**上面，擠成半圓形。放入冷凍庫確實冷卻凝固。

POINT 收尾階段需要再次放入烤箱烤焙，所以這個步驟中務必讓內部確實冷凍，否則烤焙時容易融化。

黑醋栗義式蛋白霜（25個分量）

- 精白砂糖……260g
- 水……43g
- 黑醋栗泥……43g
- 蛋白……130g

1 鍋裡倒入精白砂糖、水、黑醋栗泥，為了避免燒焦，大火加熱過程中不斷以橡膠刮刀攪拌。加熱熬煮至118度C。

POINT 水分少，再加上使用水果泥，所以整體呈黏稠狀態。熬煮時必須不斷攪拌，否則容易燒焦。

POINT 搭配使用水果泥時，若熬煮溫度超過118度C，食材容易留下加熱過的味道，請務必遵照食譜，加熱至適當溫度。

2 **1**開始沸騰後，將蛋白倒入攪拌機的攪拌缸中，以打蛋器打發。體積膨脹、泛白且呈鬆軟狀態後，將**1**慢慢注入並攪拌均勻。

POINT 添加水果泥的糖漿比較黏稠，直接倒入攪拌缸裡攪拌的話，不容易混合均勻。建議先用手將整體確實混合一起後再倒入攪拌缸中。

3 糖漿均勻分布後，將攪拌缸安裝在攪拌機上，以中速運轉打發。出現光澤感且提起打蛋頭時尖角挺立後，繼續攪拌讓溫度下降至27度C。

POINT 在收尾階段需要塗抹於蛋糕體上，所以溫度如果過低，可能不利於作業。蛋白霜若過於乾燥，作業中容易破裂。

4 將**3**移至料理盆中，以刮板稍微抹平並放入冷藏室裡冷卻降溫至10度C。

組裝 3・收尾

・帶皮杏仁片＊……適量

・糖粉……適量

＊放入180度C烤箱中烘烤7～8分鐘

1 自烤模中取出組裝 2-1，以黑醋栗果凍為頂部的方式擺在組裝1・烤焙-5的上方，稍微向下輕壓。

2 以抹刀取黑醋栗義式蛋白霜塗抹在黑醋栗慕斯和黑醋栗果凍周圍，將形狀調整為半圓形。1個約塗抹13g黑醋栗義式蛋白霜。

3 將剩餘的黑醋栗義式蛋白霜填入裝有6齒・口徑5mm星形花嘴的擠花袋中，在 2 的頂部中央擠一個圓圈，然後於圓圈兩邊各擠一個長長的角（如圖所示）。感覺像是在勾勒法國第戎的市徽。

4 在側面黏貼7～8片烘烤過的杏仁片。

5 以濾茶網撒上糖粉，放入預熱至210度C的旋風烤箱中烤焙6分鐘，讓表面微焦。

6 將1顆黑醋栗置於頂部的圓圈蛋白霜中。

奶香味

襯托至最極限

「咖啡核桃蛋糕」

活用鹹味與澀味，表現濃郁核桃味

核桃的美味在於芳香溫醇的味道中帶有淡淡的苦味。但製作甜點時，其實很難將這種味道完美表現出來。在無數次的錯誤中，我終於發現味道的關鍵在核桃的薄皮中。包覆核桃果實的薄皮帶有苦味，若直接加工處理會變成鹹味和澀味，所以一般製作甜點時都會先去除薄皮後再使用。但這個鹹味和澀味才是核桃的最大特色。所以「咖啡核桃蛋糕」就是在不去除薄皮的狀態下，活用其特性所完成的甜點。

搭配調性相似的食材，抑制過於與眾不同的特色

麵團裡添加帶薄皮的核桃，打造強烈的苦味。但增加杏仁粉用量後，核桃味道會變淡，因此透過混合濃縮咖啡專用的咖啡豆細粉，打造具有層次的苦味，也更加突顯核桃風味。核桃和咖啡豆堪稱絕配，彼此的調性非常相似。

一口咬下的瞬間，深深感受到「核桃」的麵體

這款甜點的主角是添加核桃的咖啡達克瓦茲。將核桃切碎以保留脆粒口感，一點點不同的口感變化就足以讓核桃味道在口中瞬間散開。厚烤的麵體裡以混合自製核桃糖的法式奶油霜作為夾層。法式奶油霜飽含空氣，不僅入口即化，更能使麵體的美味脫穎而出。

核桃果仁糖（容易製作的分量）

- 帶皮核桃（加州產）……1000g
- 精白砂糖……500g
- 水……166g
- 鹽……2.5g
- 可可脂*……100g

* 融化至大約人體皮膚的溫度

1 將帶薄皮的核桃直接放入預熱至180度C的烤箱中烘烤25分鐘，然後切粗粒備用。

POINT 不去掉薄皮是為了焦糖化。但因為容易燒焦，請務必多加留意。事先放入烤箱盲烤，可以縮短放入鍋裡的熬煮時間。

2 銅鍋裡倒入精白砂糖和水，大火加熱熬煮至112度C。轉為小火後，倒入核桃和鹽，以木鏟不斷攪拌。

3 將黏在一起的核桃打散，表面形成白色薄膜且結晶化後轉為中火，這時候已逐漸開始焦糖化。以從鍋底向上舀起的方式不斷攪拌均勻，讓整個銅鍋內側都布滿核桃，而且整體逐漸上色。

POINT 關鍵在於小心不要燒焦，讓整體確實混合均勻。沒有混合均勻而造成部分燒焦的話，最後的成品可能會有強烈苦味。感覺火候太強時，稍微調小一點，視情況再慢慢調大火候。

4 砂糖融解、開始出現光澤感且有糖果的感覺後，再稍微加熱一下。

POINT 如果想要直接享用果仁糖，照片中的狀態已經算是完成，但這次計畫添加在奶油霜裡，由於味道可能會變淡，必須再稍微加熱一下讓味道變得更濃郁些。

5 繼續加熱至顏色轉為深褐色且飄出陣陣芳香味後關火，攪拌並利用餘熱讓整體溫度一致。

6 將**5**倒在烤箱紙上，盡量攤平不要沾黏在一起，置於室溫下放涼。吃的時候帶點淡淡的苦味，但那並非燒焦。

7 放涼後倒入Robot-Coupe食物調理機中攪拌成泥狀。照片中為留有一些胡桃顆粒狀的狀態，如果想要保留一點口感，攪拌到這種程度就好。

8 倒入巧克力精磨機中，攪拌40～50分鐘讓整體呈泥狀。

9 攪拌至滑順後，加入融化備用的可可脂混合在一起。裝在容器中並放入冷藏室保存。

咖啡達克瓦茲

（48×33×厚1cm，3片／48個分量）

- ・帶皮核桃（加州產）……300g
- ・蛋白……915g
- ・精白砂糖……180g
- A* ・糖粉A……573g
  - ・杏仁粉……501g
  - ・全麥麵粉……216g
  - ・濃縮咖啡用咖啡豆（粉末）……30g
- ・糖粉B……適量

＊ 除了濃縮咖啡用咖啡粉外，其他材料各自過篩後混合在一起備用

1 將帶薄皮的核桃直接切細碎備用。

POINT 切粗粒會妨礙麵糊膨脹，但磨成細粉狀，又容易造成口感盡失，建議切成2mm立方大小。顆粒有大有小，不僅口感更具變化性，整體吃起來的味道也更加豐富。

2 將蛋白和1/4分量的精白砂糖倒入攪拌機的攪拌缸中，以中～高速運轉打發。飽含空氣且泛白後，將剩餘精白砂糖分2次添加，繼續打發至有光澤感且尖角挺立。

3 移開攪拌缸，加入混合在一起的A材料，以橡膠刮刀切拌均勻。

4 在尚有粉末的狀態下（照片下）添加1並混合均勻。整體均勻後再稍微攪拌一下，直到表面出現光澤感（照片右上）。

POINT 攪拌至有光澤感可以讓麵糊的質地更為細緻。另一方面，麵糊於烤焙時比較不會出現膨脹不均勻或膨脹後又嚴重塌陷的情況。頂多就是確實打發的蛋白霜大氣泡稍微消泡的感覺。

5 在工作檯上鋪3張60×40cm大小的烤箱紙，皆橫向擺放。將麵糊分成3等分，各自擺在烤箱紙上。於麵糊的上下側各放一根高1cm的棍棒，然後將麵糊延展得比組裝時使用的48×33cm方形框模大一些。

POINT 一般延展麵糊時，都會特別叮嚀「盡量不要用手觸摸，才不會導致麵糊變軟」，但在這裡，稍微變軟反而有助於之後的糖粉融解，所以延展時不需要過於提心吊膽。

6 移開棍棒，以濾茶網整體薄薄撒上一層糖粉B（照片右）。靜置5分鐘待部分糖粉融解後，各自擺在疊2層的烤盤上，放入預熱至230度C且拉開氣門的旋風烤箱中烤焙15分鐘（照片下）。

核桃法式奶油霜 (48個分量)

・法式奶油霜＊……1000g
・核桃果仁糖……200g
＊ 材料與製作方式請參照P.16「杏仁奶油蛋糕」

1 將冷藏室中取出的法式奶油霜倒入攪拌機的攪拌缸中，裝上扁平攪拌頭，以低速運轉攪拌。

2 攪拌至滑順後，慢慢加入恢復室溫的核桃果仁糖並攪拌均勻。全部添加完之後，切換為中速運轉，攪拌至均勻且滑順的狀態。

POINT 打發至奶油霜的體積膨脹，而且不會自攪拌缸內側面滑落的狀態最為理想。

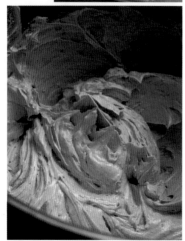

組裝・收尾
（使用48×33×高5cm的方形框模）

・精白砂糖……適量

1 配合框模大小，以鋸齒刀裁切3片咖啡達克瓦茲的4邊。由於咖啡達克瓦茲的四邊比較硬，所以使用鋸齒刀。

2 於鐵板上鋪烤箱紙，將1片咖啡達克瓦茲以烤面朝下的方式擺在48×33×高5cm的方形框模裡。

3 塗抹一半分量（600g）的核桃法式奶油霜，以L型抹刀塗抹得厚度均一。

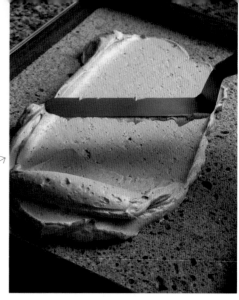

4 取第2片咖啡達克瓦茲以烤面朝下的方式擺在 **3** 上面，用手輕壓使其貼合。

5 塗抹剩餘的核桃法式奶油霜，同 **3** 的步驟抹平、抹均勻。

6 取第3片咖啡達克瓦茲以烤面朝上的方式擺在 **5** 上面，用手輕壓使其貼合。覆蓋烤箱紙並置於鐵板上，輕壓讓蛋糕體和奶油霜貼合，然後放入冷凍庫中冷卻凝固。

7 將 **6** 橫向置於工作檯並取下框模。以瓦斯噴火槍溫熱的菜刀薄薄切下兩端，然後再分切成6塊7.5cm寬大小。

8 將 **7** 橫向置於工作檯上，薄薄切下兩端，然後再分切成8塊4cm寬大小。

9 以瓦斯噴火槍稍微炙燒表面使其乾燥，然後撒上精白砂糖，再次以瓦斯噴火槍稍微炙燒使其焦糖化。

POINT 以瓦斯噴火槍稍微炙燒表面，透過除去表面濕氣讓焦糖化後的外觀更完美。

呈現

白葡萄酒乾澀風味
「夏洛特白酒蛋糕」

將不甜白葡萄酒特有的酸味與酒精味充分活用於甜點中

這是一款靈感來自沙巴雍醬（打發白葡萄酒與蛋黃調製而成）的小蛋糕。使用酸味和酒精味比較強烈的標準型不甜白葡萄酒。通常以充滿果香味的葡萄酒製作甜點時，必須將充分活用葡萄酒獨特個性的要件也考慮進去，但這裡的主題是「如何充分表現葡萄酒的乾澀風味」。於是，透過蛋黃、鮮甜牛奶、新鮮葡萄柚的組合，我終於成功製作出這款夏洛特白酒蛋糕。

以葡萄柚補足果實滋味與華麗美味

以白葡萄酒的香氣與親和力十足的葡萄柚補足果實甜美滋味。使用白葡萄酒和葡萄柚汁取代牛奶來製作英式蛋奶醬，再以英式蛋奶醬為基底製作慕斯。白葡萄柚的乾澀風味經結合蛋黃後，變得較為溫和圓潤，而葡萄柚的酸甜滋味也為整體帶來更為華麗的表現。

糖漬果粒果醬在溫和中一枝獨秀

添加純打發鮮奶油和義式蛋白霜製作白酒慕斯，打造乳脂香甜味與輕盈口感。外層包覆輕盈蓬鬆口感的手指餅乾，然後再添加糖漬葡萄柚果粒果醬。葡萄柚經加熱濃縮後，淡淡的苦味與鮮嫩多汁的感覺更加清晰鮮明。

手指餅乾（60×40cm烤盤1.6塊／36個分量）

- 蛋白……270g
- 精白砂糖……270g
- 蛋黃……180g
- 低筋麵粉＊……240g
- 糖粉……適量
- ＊ 過篩備用

1 將蛋白和1/3分量的精白砂糖倒入攪拌機的攪拌缸中，裝上打蛋頭，以中速運轉打發。

2 體積膨脹、泛白、呈蓬鬆柔軟狀且留有打蛋頭痕跡後，將剩餘精白砂糖分2次添加。

3 切換成高速運轉，打發至有光澤感且快要到尖角挺立的程度，以打蛋頭舀起時，蛋白霜尖端微微彎曲的狀態。

POINT 若打發至尖角挺立的硬度，之後與蛋黃混合一起時，不僅難以順利攪拌，氣泡也會隨著攪拌次數的增加而消失。

4 取1/4分量的 **3** 蛋白霜，倒入裝有蛋黃的料理盆中並以打蛋器攪拌。

5 攪拌至滑順液體狀後，倒回裝有蛋白霜的料理盆中。

6 添加過篩備用的低筋麵粉，用刮板以從底部向上舀起的方式切拌混合在一起。攪拌至沒有粉末狀且出現光澤感。

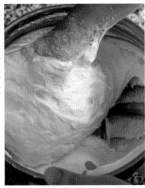

7 準備2塊鋪有烤箱紙，60×40cm大小的烤盤，縱向置於工作檯上。將 **6** 填入裝有口徑9mm圓形花嘴的擠花袋中，在第1片烤盤中央擠一條橫向長條狀麵糊，然後依序往下擠長條狀。由於烤焙後會膨脹，所以長條狀之間要稍微預留一些空間。擠滿下半部的烤盤後，將烤盤旋轉180度，同樣從中央處開始依序往下擠長條狀。至於第2片烤盤，則從距離中央處6cm的地方開始擠長條狀，但擠滿下半部就好，完成0.6塊烤盤的麵糊。

POINT 1.6塊烤盤分量的麵糊。先完成擠滿一整塊烤盤的作業。先作業的麵糊狀態較佳，作為表面使用。後來作業的約半個烤盤的麵糊則作為中間夾層與底部使用。

8 以濾茶網在整體表面薄薄撒上糖粉，融解後再撒一次。放入預熱至200度C且拉開氣門的烤爐中烤焙12分鐘。出爐後置於室溫下冷卻。

糖漬葡萄柚慕斯（36個分量）

- 葡萄柚（白肉）……2顆
- 葡萄柚（紅肉）……2顆
- 精白砂糖＊……160g
- LM明膠＊……10g
- ＊ 充分混合在一起

1 去除葡萄柚皮和薄皮，取出果肉。

2 搾取薄皮的果汁，含果肉共650g左右。其中110g用於製作白酒慕斯，50g用於製作糖漿，這裡取剩餘的490g左右使用。

3 1和2倒入鍋裡，然後放入混合在一起的精白砂糖和LM明膠，小火加熱的同時以打蛋器搗碎果肉。

POINT 一開始以小火慢慢熬煮，確實萃取果肉中的汁液。假設一開始就以大火加熱，可能在充分萃取汁液之前，果肉就已經燒焦。

4 充分出汁後轉中火，邊用刮刀混合，邊加熱15～20分鐘。汁液變濃稠後，讓鍋子離開火，鍋底放入冰水中邊攪拌邊冷卻，待冷卻後，保鮮膜緊貼表面覆蓋，放入冰箱冷藏。

糖漿（36個分量）

- 糖漿（30度波美糖漿）……50g
- 白酒（不甜口味）……50g
- 葡萄柚汁……50g

1 將材料充分混合在一起。

組裝 1（使用36.5×7×高6cm半圓長條形烤模3個）

1 將烤好的手指餅乾以烤面朝上的方式置於工作檯上。橫向擺放烤盤1塊分量的蛋糕體，以鋸齒刀切掉不工整的四邊，分切成3塊36.5×16.5cm大小（覆蓋表面蛋糕體）。烤盤0.6塊分量的蛋糕體也同樣切掉不工整的四邊，分切成36.5×4cm大小（中間夾層麵團）和36.5×7cm大小（底部蛋糕體）各3塊。

2 將1以烤面朝下的方式置於工作檯上，各取1塊覆蓋表面、中間夾層、底部用蛋糕體，然後各刷上50g的糖漿。

3 將糖漬葡萄柚慕斯填入裝有口徑15.5mm圓形花嘴的擠花袋中，在中間夾層蛋糕體抹有糖漿那一面擠2條長條狀慕斯。放入冷凍庫1小時冷卻凝固。

POINT 讓糖漬葡萄柚慕斯冷凍變硬，有助於組裝作業的順利進行。

4 在3個36.5×7×高6cm半圓長條形烤模中鋪上事先裁切好36.5×26cm大小的烤箱紙，突出烤模的部分向外折。

5 將覆蓋表面的蛋糕體以烤面朝下的方式放入4裡面。

白酒慕斯（36個分量）

- 義式蛋白霜
  - 精白砂糖……160g
  - 水……50g
  - 蛋白……80g
- 蛋黃……220g
- 精白砂糖……140g
- 白酒（不甜口味）……385g
- 葡萄柚汁……110g
- 片狀明膠*1……19g
- 鮮奶油（乳脂肪含量47%）*2……470g

*1 浸泡冷水膨脹軟化並倒掉多餘的水
*2 放入冷藏室裡充分冷卻

1 製作義式蛋白霜。鍋裡倒入精白砂糖和水，大火加熱熬煮至118～120度C。

2 1開始沸騰後，將蛋白倒入攪拌機的攪拌缸中，以中高速運轉打發。體積膨脹、泛白且呈蓬鬆柔軟狀後切換成低速運轉，將1沿著攪拌缸內側面緩緩注入。

3 切換成中高速運轉，繼續打發。攪拌至有光澤感、以打蛋頭舀起時尖角挺立且溫度下降至人體皮膚的溫度。將蛋白霜移至料理盆中，以刮板稍微抹平，放入冷藏室裡冷卻降溫至15度C。

4 將蛋黃和精白砂糖倒入料理盆中，用打蛋器以摩擦盆底的方式攪拌。

5 鍋裡倒入白酒和葡萄柚汁，大火加熱至即將沸騰前關火，將4緩緩注入鍋裡，小心不要讓材料飛濺出來。

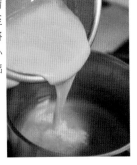

6 用橡膠刮刀以刮鍋底的方式不斷攪拌，並且以中火熬煮至82～83度C且呈黏稠狀。注意不要讓底部食材燒焦。

7 關火後加入確實瀝乾的片狀明膠，攪拌溶解。以錐形篩過濾至料理盆中，將料理盆置於冰水上，偶爾攪拌一下讓整體溫度下降且變黏稠。

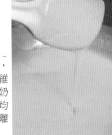

POINT 目標溫度為15度C，整體呈厚重黏稠狀。一直維持液體狀的話，之後和鮮奶油混合一起時，不僅難以均勻攪拌也容易產生油水分離狀態，口感會因此變差。

8 7冷卻期間，以攪拌機打發鮮奶油。打發至體積膨脹、以打蛋頭舀起時，尖端下垂且留有滴落堆疊痕跡的7分發。使用之前先暫時放入冷藏室。

9 7達到適當溫度後，自冰水中移開。

10 自冷藏室取出冷卻備用的鮮奶油，以打蛋器打發至9分發的純打發鮮奶油。倒入9裡面，用打蛋器以從底部向上舀起的方式攪拌。

11 自冷藏室取出義式蛋白霜，用橡膠刮刀攪拌至整體溫度一致。全部倒入10裡面，用打蛋器以從底部向上舀起的方式攪拌均勻。

組裝 2

1 將白酒慕斯倒入組裝1-5上面，約到烤模高度的一半，以刮板抹平表面。

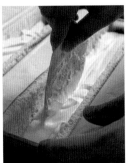

2 自冷凍庫取出上面抹有糖漬葡萄柚慕斯的中間夾層蛋糕體，以糖漬葡萄柚慕斯那一面朝下，覆蓋於1上面，輕輕按壓使其貼合。

3 再次倒入白酒慕斯至烤模邊緣，以抹刀抹平表面。

4 將底部蛋糕體抹有糖漿的那一面朝下，覆蓋於3上面。將兩側的烤箱紙折往中央，並用透明膠帶固定，放入冷凍庫冷卻凝固。覆蓋烤箱紙的目的是為了避免蛋糕體凍傷。

收尾

1 脫模，以瓦斯噴火槍溫熱菜刀，然後分切成12塊3cm寬大小。

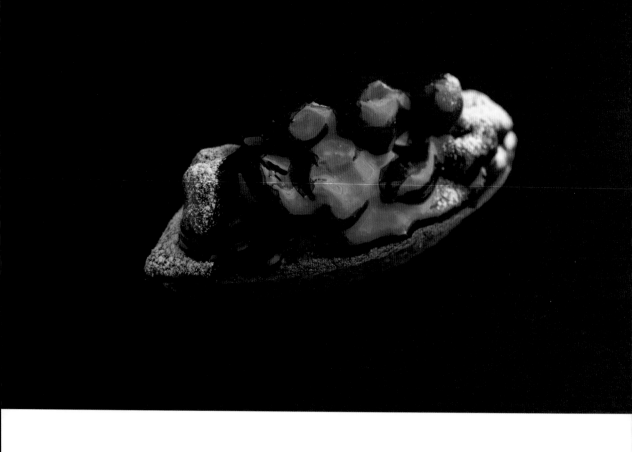

活用
酸櫻桃酸味
「櫻桃塔」

稍微加熱製成糖煮櫻桃。
充分發揮櫻桃的鮮嫩多汁

採購長野縣小布施町產的冷凍酸櫻桃，因酸味強烈，不適合直接食用，適合加熱處理。在強烈的酸味中添加砂糖，再透過加熱帶出濃郁風味製作成櫻桃塔。將櫻桃稍微加熱一下製作成糖煮櫻桃，一口咬下後濃郁的櫻桃香與鮮嫩果汁隨即在口中散開。表面塗抹糖煮櫻桃的糖漿搭配紅酒製作的果凍，讓整體味道更具深度與層次感。

法式甜塔皮*

＊ 塔皮材料和製作方式請參照P.50「船形蛋白霜餅」。 200g、11個分量

杏仁餡*

＊ 材料和製作方式請參照P.50「船形蛋白霜餅」

組裝 1（使用長徑11×短徑4.5×高1.5cm船形烤模）

1 在法式甜塔皮麵團上撒手粉（分量外），以壓麵機擀成厚度2mm。以長徑13×短徑6.5cm葉片壓模壓成葉片形狀的塔皮，然後鋪於長徑11×短徑4.5×高1.5cm船形烤模中。以抹刀或刮板裁掉突出烤模邊緣的塔皮。裁切時朝烤模外側向下斜切。

2 將杏仁餡填入裝有口徑15mm圓形花嘴的擠花袋中，在 1 上面擠15g杏仁餡。

3 排列於烤盤上，放入預熱至180度C的旋風烤箱中烤焙40分鐘。稍微置涼後脫模並靜置冷卻。

糖煮櫻桃（7個分量）

· 酸櫻桃（冷凍·長野縣小布施町產）……500g
· 精白砂糖……300g

1 酸櫻桃解凍，以去籽器去掉櫻桃核。將果肉放入料理盆中。

2 將解凍時產生的汁液和精白砂糖倒入鍋裡，中火加熱至沸騰後關火，注入裝有果肉的料理盆中。放涼後覆蓋保鮮膜並使其緊密貼合於表面，置於冷藏室1晚。

外交官奶油（25個分量）

· 卡士達醬*1……200g
· 香緹鮮奶油*2……60g
＊1 材料與製作方式請參照P.25「聖托佩塔」
＊2 在乳脂肪含量47%鮮奶油中加入10%重量的砂糖並打發至9分發

1 將卡士達醬倒入料理盆中，以橡膠刮刀攪拌至有光澤感的狀態。

2 將香緹鮮奶油倒入 1 裡面，以橡膠刮刀充分混合在一起。

櫻桃果凍（25個分量）

· 紅酒（高單寧）……120g
· 糖煮櫻桃糖漿……350g
· 水……120g
· 檸檬汁……8g
· 精白砂糖*……15g
· LM明膠*……15g
· 櫻桃香甜酒……8g
＊ 充分混合在一起備用

1 鍋裡倒入紅酒、糖煮櫻桃糖漿、水、檸檬汁，中火加熱至沸騰後，倒入事先混合在一起的精白砂糖和LM明膠，持續以打蛋器攪拌以避免結塊。再次沸騰後關火，移至料理盆中。稍微放涼後添加櫻桃香甜酒。

組裝 2・收尾

· 糖粉……適量

1 將外交官奶油填入裝有口徑12mm圓形花嘴的擠花袋中，在組裝1- 3 上面擠10g外交官奶油。

2 堆疊12顆糖煮櫻桃在 1 的中央，堆得像座小山。

3 以毛刷取20g櫻桃果凍塗刷在表面。果凍凝固後以濾茶網撒上糖粉。

活用

自製糖漬香橙 的鹹味
「香橙焦糖蛋糕」

糖漬香橙的淡淡苦澀
與焦糖的隱約苦味互相疊加

將柳橙皮浸在糖漿裡，讓甜度慢慢上升的自製糖漬香橙，最大特色是淡淡的苦澀與鹹
味緊緊包覆柳橙皮的濃郁香氣。為了想讓大家充滿享受甜點的美味，以杏仁海綿蛋糕
麵體搭配大量糖漬香橙。表面鋪上夏威夷豆，烤焙後充滿香脆感與溫醇的堅果香氣，
也更加突顯糖漬的黏稠口感與風味。將夾層用的法式奶油霜調製成焦糖口味，讓砂糖
的焦味與糖漬橙皮的淡淡苦味融合為一體。

香橙杏仁海綿蛋糕

（60×40cm烤盤3塊／60個分量）

- 全蛋……960g
- 杏仁粉＊1……660g
- 糖粉＊1……750g
- 低筋麵粉＊2……300g
- 發粉＊2……13.2g
- 自製糖漬香橙＊3……705g
- 橙皮（磨成泥）……6顆分量
- 奶油＊4……396g
- 夏威夷豆＊5……300g

＊1 混合在一起過篩備用
＊2 混合在一起過篩備用
＊3 材料與製作方式請參照P.77「加泰隆尼亞焦糖米布丁」。切細碎
＊4 融化調溫至50度C
＊5 放入預熱至180度C烤箱中烘烤15～20分鐘，切成1/4大小

1 將全蛋倒入攪拌機的攪拌缸中，然後加入過篩備用的杏仁粉和糖粉，裝上打蛋頭並以中速運轉打發。飽含空氣、泛白且體積膨脹後關掉並移開攪拌機。倒入過篩備用的低筋麵粉和發粉，使用刮板切拌至沒有粉末狀。

2 加入切碎的糖漬橙片和磨成泥的橙皮，混拌均勻至沒有結塊。然後再放入融化奶油，攪拌至表面有光澤感。

3 將 2 均勻倒在3塊鋪有矽膠烘焙墊的烤盤上，以L型抹刀抹平表面。取其中2塊在表面平均撒滿切小塊的夏威夷豆。於3塊烤盤下各自再疊一塊烤盤，放入預熱至220度C的烤爐中烤焙18～20分鐘。出爐後置於室溫下冷卻。

焦糖法式奶油霜（60個分量）

- 焦糖
- 鮮奶油（乳脂肪含量38％）……100g
- 精白砂糖……100g
- 法式奶油霜＊……1000g

＊ 材料與製作方式請參照P.16「杏仁奶油蛋糕」

1 製作焦糖。鍋裡倒入鮮奶油，中火加熱熬煮至沸騰。取另外一只鍋子，倒入精白砂糖，以中～強火熬煮至整體呈褐色且開始冒煙的180度C後關火。慢慢注入沸騰後的鮮奶油，以打蛋器混合均勻後置涼。

2 法式奶油霜恢復室溫。倒入攪拌機的攪拌缸中，裝上扁平攪拌頭並以低速運轉攪打。攪拌至滑順後，慢慢注入焦糖並攪拌均勻。

糖漿（60個分量）

- 柳橙汁……100g
- 糖漿（30度波美糖漿）……100g
- 蘭姆酒……100g

1 將所有材料混合在一起。

組裝

1 取一片撒滿夏威夷豆且烤焙出爐的香橙杏仁海綿蛋糕，以烤面朝上的方式置於砧板上。以毛刷取1/3分量的糖漿塗抹在上面。

2 塗抹一半分量的焦糖法式奶油霜，以L型抹刀抹平且讓厚度均勻一致。

3 取另外一片撒滿夏威夷豆且烤好的香橙杏仁海綿蛋糕，以烤面朝上的方式覆蓋在 2 上面，然後塗刷剩餘糖漿的一半分量。以同樣方式塗抹剩餘的焦糖法式奶油霜，然後覆蓋一片什麼都沒有塗抹的香橙杏仁海綿蛋糕（烤面朝上），最後將剩餘的糖漿全塗刷在上面。放入冷藏室裡冷卻凝固。

收尾（60個分量）

- 炸彈麵糊
- 精白砂糖……65g
- 水……21g
- 蛋黃……70g
- 精白砂糖……適量

1 製作炸彈麵糊。鍋裡倒入精白砂糖和水，大火加熱熬煮至115度C。

2 料理盆中倒入蛋黃打散，將 1 緩緩注入，並以打蛋器混合在一起。以錐形篩過濾至攪拌機的攪拌缸中。

3 裝上打蛋頭，以中速運轉攪拌。泛白且流動變慢的黏稠狀態後，繼續攪拌至溫度下降。目標溫度為26度C。

4 將組裝-3 橫向置於砧板上，以瓦斯噴火槍溫熱菜刀，薄薄切掉兩端後分切成6塊9cm寬大小。

5 每一塊上面塗抹25g炸彈麵糊，以L型抹刀薄薄塗抹均勻。

6 將 5 橫向置於在砧板上，同樣薄薄切掉兩端後分切成10塊3.5cm寬大小。

7 以瓦斯噴火槍稍微炙燒頂部使其焦化。撒上精白砂糖，再次炙燒使其焦糖化。

位在東京・碑文谷幽靜住宅區裡的Pâtisserie JUN UJITA開幕於2011年11月，並於2017年重新裝修。店內裝潢以深棕色為基本色調，搭配懷舊風的磁磚和充滿古董氣息的家具，令人留下沉靜穩重的印象。右後方的陳列櫃上擺滿許多店裡自製的巧克力。

宇治田甜點師和工作夥伴。
廚房緊鄰店面，後場工作人員也會排班輪流招待客人。

作者

宇治田 潤

1979年出生於東京都。武藏野調理師專門學校畢業後，曾在東京銀座「ピエスモンテ」工作，也曾擔任母校助理，之後在神奈川・葉山「サンルイ島」待了3年半，工作的同時學習製作法國甜點的技術。為了準備遠赴法國深造而回到埼玉老家，並任職於「浦和皇家帕恩斯酒店」。2004年前往法國，在「パティスリー・サダハル・アオキ・パリ (Pâtisserie Sadaharu Aoki Paris)」學習並累積經驗，2年後的2006年回到日本。同年在神奈川鎌倉的「Pâtisserie雪乃下」擔任甜點主廚。直到2011年11月，自立門戶於東京碑文谷開了一家「Pâtisserie JUN UJITA」甜點店。

Pâtisserie JUN UJITA
東京都目黑區碑文谷4-6-6
電話：03-5724-3588
營業時間：10：30〜18：00（六、日、國定假日17：00結束營業）
公休日：星期一・二（逢國定假日則營業）
http://www.junujita.com/

TITLE

宇治田潤的法式甜點驚豔配方

STAFF		ORIGINAL JAPANESE EDITION STAFF	
出版	瑞昇文化事業股份有限公司	取材・執筆	宮脇灯子
作者	宇治田 潤	撮影	天方晴子
譯者	龔亭芬	デザイン	芝 晶子（文京図案室）
		編集	黒木 純、大坪千夏（柴田書店）
創辦人 / 董事長	駱東墻		
CEO / 行銷	陳冠偉		
總編輯	郭湘齡		
責任編輯	張聿雯		
文字編輯	徐承義		
美術編輯	謝彥如		
校對	于忠勤		
國際版權	駱念德　張聿雯		
排版	二次方數位設計　翁慧玲		
製版	明宏彩色照相製版有限公司		
印刷	桂林彩色印刷股份有限公司		
法律顧問	立勤國際法律事務所　黃沛聲律師		
戶名	瑞昇文化事業股份有限公司		
劃撥帳號	19598343		
地址	新北市中和區景平路464巷2弄1-4號		
電話	(02)2945-3191		
傳真	(02)2945-3190		
網址	www.rising-books.com.tw		
Mail	deepblue@rising-books.com.tw		
初版日期	2023年12月		
定價	480元		

國家圖書館出版品預行編目資料

宇治田潤的法式甜點驚豔配方/宇治田潤著；龔亭芬譯. -- 初版. -- 新北市：瑞昇文化事業股份有限公司, 2023.12
192面；18.2X25.7公分
ISBN 978-986-401-690-7(平裝)

1.CST: 點心食譜

427.16　　　　　　　　　　　　112017744

PATISSERIE JUNUJITA NO KASHI "KANGAENAIDE OISHII" TTE KOIUKOTO
by Jun Ujita
Copyright © Jun Ujita 2022
Chinese translation rights in complex characters arranged with
SHIBATA PUBLISHING Co., Ltd.
through Japan UNI Agency, Inc., Tokyo